# 一陸特受験教室 電波法規

## 吉川忠久 著

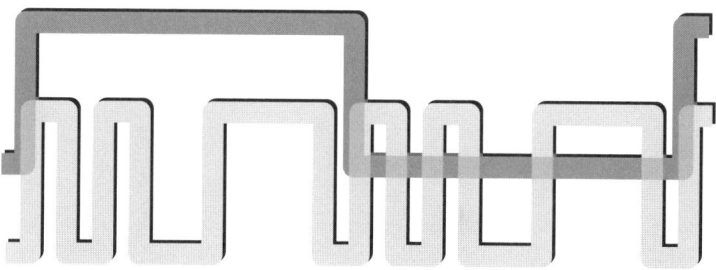

 東京電機大学出版局

# はじめに

　第一級陸上特殊無線技士（一陸特）の免許は，無線従事者として固定通信を行う固定局や人工衛星と通信を行う地球局などの無線局の無線設備の運用，あるいはメーカーなどで無線設備を保守する技術者として勤務するときに必要な資格です．

　また，無線局を開設するときや省令で定められた期間ごとに総合通信局の職員による無線局の検査が行われますが，その検査の一部が省略される条件として，登録点検事業者の点検があります．このとき，一陸特の有資格者は，登録点検事業者の点検員として従事することができます．

　そこで一陸特の試験問題においては，上に示した業務に従事する無線技術者が必要とする知識について出題されています．また，一陸特の資格の操作範囲には，より簡単に取得することができる二陸特，三陸特の資格の操作範囲も含まれています．これらの資格は陸上移動通信系の無線局の無線設備を操作することができる資格ですから，試験では陸上移動系の無線通信に関する内容が主に出題されています．最近の一陸特の国家試験の出題傾向として，これらの資格の操作に必要な多重無線設備以外の無線設備に関する問題も増加しています．

　本書では，現在出題されている国家試験問題に合わせて，その解答に必要な知識の解説を中心に構成しました．また，基本問題練習によって，その知識を確実なものとすることができます．

　本書の姉妹書である「集中ゼミ」は学習のまとめとして，「合格精選問題集」は国家試験前の練習問題として活用すると，効率よく合格することができるでしょう．

　一陸特よりも上級の資格として，第二級陸上無線技術士（二陸技），第一級陸上無線技術士（一陸技）があります．無線技術者として，それらの資格を目指している方も多いと思いますが，いきなり上級の資格を受験するのはかなり難しいので，本書でひととおりのことを学習して一陸特を取得してから二陸技，一陸技の学習に進まれることをお勧めします．

　本書によって，一人でも多くの方が一陸特の国家試験に合格し，資格を取得することにお役に立てれば幸いです．

2007年2月

著者しるす

# 目　次

一陸特とは ………………………………………………………………………… vi
本書の使い方 ……………………………………………………………………… viii

## 第1章　電波法の概要

- 1.1　電波法の目的 ………………………………………………………… 1
- 1.2　電波法令 ……………………………………………………………… 1
- 1.3　用語の定義 …………………………………………………………… 2
- 基本問題練習 ……………………………………………………………… 2

## 第2章　無線局

- 2.1　無線通信業務及び無線局に関係する用語の定義 ……………… 5
- 2.2　無線局の免許 ………………………………………………………… 5
- 2.3　免許の申請 …………………………………………………………… 8
- 2.4　予備免許 ……………………………………………………………… 9
- 2.5　工事落成後の検査 ………………………………………………… 10
- 2.6　免許の拒否，免許の付与 ………………………………………… 11
- 2.7　免許の有効期間・再免許 ………………………………………… 11
- 2.8　免許状 ……………………………………………………………… 12
- 2.9　免許後の変更 ……………………………………………………… 13
- 2.10　廃止 ……………………………………………………………… 14
- 2.11　特定無線局の免許 ……………………………………………… 15
- 2.12　無線局の登録 …………………………………………………… 15
- 基本問題練習 …………………………………………………………… 16

## 第3章　無線設備

- 3.1　無線設備に関する用語の定義 …………………………………… 26
- 3.2　電波の型式の表示 ………………………………………………… 27
- 3.3　電波の質 …………………………………………………………… 29

3.4 空中線電力の許容偏差 ……………………………………………30
3.5 周波数の安定のための条件 ………………………………………30
3.6 安全施設 ……………………………………………………………30
3.7 送信空中線の条件 …………………………………………………32
3.8 受信設備の条件 ……………………………………………………33
3.9 人工衛星局の条件 …………………………………………………33
3.10 VSAT地球局 ……………………………………………………33
基本問題練習 ……………………………………………………………34

## 第4章　無線従事者

4.1 無線従事者に関する用語の定義 …………………………………49
4.2 無線設備の操作 ……………………………………………………49
4.3 主任無線従事者 ……………………………………………………50
4.4 無線従事者の資格 …………………………………………………51
4.5 無線設備の操作及び監督の範囲 …………………………………52
4.6 無線従事者の免許 …………………………………………………53
4.7 無線従事者免許証 …………………………………………………55
基本問題練習 ……………………………………………………………56

## 第5章　無線局の運用

5.1 目的外使用の禁止等 ………………………………………………63
5.2 免許状記載事項の遵守 ……………………………………………64
5.3 混信等の防止 ………………………………………………………64
5.4 実験等無線局等の運用 ……………………………………………65
5.5 秘密の保護 …………………………………………………………65
5.6 無線局の運用の限界 ………………………………………………65
5.7 無線通信の原則 ……………………………………………………66
5.8 送信速度等 …………………………………………………………66
5.9 発射前の措置 ………………………………………………………66
5.10 呼出し応答の方法 …………………………………………………67
基本問題練習 ……………………………………………………………68

## 第6章　監督

- 6.1 職権による周波数等の変更 …………………………77
- 6.2 非常の場合の無線通信 …………………………………77
- 6.3 電波の発射の停止 ………………………………………78
- 6.4 無線局の検査 ……………………………………………78
- 6.5 無線局の免許の取消し等 ………………………………80
- 6.6 無線従事者の免許の取消し等 …………………………81
- 6.7 報告 ………………………………………………………81
- 6.8 免許を要しない無線局及び受信設備に対する監督 …82
- 6.9 電波利用料 ………………………………………………82
- 基本問題練習 …………………………………………………84

## 第7章　罰則

- 7.1 罰則 ………………………………………………………96
- 基本問題練習 …………………………………………………98

## 第8章　書類

- 8.1 時計，業務書類等の備付け …………………………104
- 8.2 備付けを要する業務書類 ……………………………104
- 8.3 免許状 …………………………………………………105
- 8.4 無線従事者免許証の携帯 ……………………………105
- 8.5 無線検査簿 ……………………………………………105
- 8.6 無線業務日誌 …………………………………………107
- 基本問題練習 ………………………………………………108

受験ガイド ……………………………………………………113
索引 ……………………………………………………………116

## 一陸特とは

　第一級陸上特殊無線技士（一陸特）は，無線局の多重無線設備の技術操作または操作の監督を行うことができる資格である．具体的には，国や地方自治体が設置した防災行政無線，通信事業者が設置した固定無線通信回線，衛星無線通信回線，移動無線データ通信回線，あるいは放送事業者が設置したテレビ中継無線通信回線用の多重無線装置など無線設備の技術操作を行うことができる．また，第二級陸上特殊無線技士，第三級陸上特殊無線技士の操作範囲の操作を行うことができる．

　直接，無線局の無線設備の技術操作または操作の監督を行うことだけではなく，基地局や陸上移動局などの無線設備の点検し，保守を行う登録点検事業者の点検員として従事することができる．

　無線通信士，無線技術士，特殊無線技士，アマチュア無線技士などの無線従事者の資格の取得者数は500万人を超えている．そのうち，一陸特の資格取得者数は約15万人であり，一陸特の資格取得者数は，陸上移動通信，固定通信，衛星通信の伸びと伴なって増加している．

　また，国家試験の受験者数は，毎年約7,000人，合格率は約20パーセントである．

　**第二級陸上特殊無線技士**は，自動車などの速度を測定するレーダ，VSAT小規模地球局，国などが設置した中短波帯の陸上移動局や基地局の無線設備の技術操作を行うことができる．また，第三級陸上特殊無線技士の操作範囲の操作を行うことができる．

　**第三級陸上特殊無線技士**は，自動車などに設置したVHF・UHF帯の陸上移動局や基地局の無線設備の技術操作を行うことができる．

　法規の試験問題の例を次に示す．

JY80A

## 第一級陸上特殊無線技士「法規」試験問題

12問

(注) 解答は、答えとして正しいと判断したものを一つだけ選び、答案用紙の解答欄に正しく記入（マーク）すること。

[1] 次に掲げるもののうち、無線局の予備免許の際に総務大臣から指定される事項を、電波法の規定に照らし下の番号から選べ。

1　通信の相手方及び通信事項　　2　免許の有効期間　　3　電波の型式及び周波数　　4　無線局の目的

[2] 次の記述は、変更検査について、電波法の規定に沿って述べたものである。　　　　内に入れるべき字句の正しい組合せを下の番号から選べ。

① 第17条（変更等の許可）第1項の規定により　A　の変更又は無線設備の変更の工事の許可を受けた免許人は、総務大臣の検査を受け、当該変更又は工事の結果が同条同項の許可の内容に適合していると認められた後でなければ、許可に係る無線設備を運用してはならない。ただし、総務省令で定める場合は、この限りでない。

② ①の検査は、①の検査を受けようとする者が、当該検査を受けようとする無線設備について第24条の2第1項又は第24条の13第1項の登録を受けた者（「登録点検事業者」又は「登録外国点検事業者」のことをいう。）が総務省令で定めるところにより行った当該登録に係る点検の結果を記載した書類を総務大臣に提出した場合においては、その　B　を省略することができる。

|   | A | B |
|---|---|---|
| 1 | 無線設備の設置場所 | 一部 |
| 2 | 無線設備の設置場所 | 全部 |
| 3 | 工事設計 | 一部 |
| 4 | 工事設計 | 全部 |

[3] 次の記述は、電波の質について、電波法の規定に沿って述べたものである。　　　　内に入れるべき字句を下の番号から選べ。

送信設備に使用する電波の　　　　等電波の質は、総務省令で定めるところに適合するものでなければならない。

1　周波数の偏差、高調波の強度
2　周波数の幅、空中線電力の偏差
3　周波数の偏差及び幅、高調波の強度
4　周波数の偏差及び幅、空中線電力の偏差

[4] 次に掲げるもののうち、「無人方式の無線設備」の定義として電波法施行規則に規定されているものを下の番号から選べ。

1　他の無線局が遠隔操作をすることによって動作する無線設備をいう。
2　無線従事者が常駐しない場所に設置されている無線設備をいう。
3　自動的に動作する無線設備であって、通常の状態においては技術操作を直接必要としないものをいう。
4　無線設備の操作を全く必要としない無線設備をいう。

[5] 次に掲げる記号をもって表示する電波の型式のうち、電波の主搬送波の変調の型式が角度変調であって周波数変調のもの、主搬送波を変調する信号の性質がデジタル信号の1又は2以上のチャネルとアナログ信号の1又は2以上のチャネルを複合したもの並びに伝送情報の型式がファクシミリ、データ伝送及び電話（音響の放送を含む。）の組合せのものはどれか、電波法施行規則の規定により正しいものを下の番号から選べ。

1　A3C　　2　F7E　　3　F8D　　4　F9W

(JY80A-1)

# 本書の使い方

## 1 本書の構成

本書の構成は各章ごとに**基礎学習**，**基本問題練習**となっている．

まず，国家試験問題を解くのに必要な事項や公式などは基礎学習に挙げてあるが，計算過程や補足的な説明については各問題ごとに解説してある．

出題されている国家試験の問題は選択式なので，出題範囲の内容をすべて覚える必要はないが，試験問題を解くためには各項目のポイントを正確につかんでおかなければならない．そこで基礎学習により全体の内容を理解し，次に基本問題練習によって実際に出題された問題を解くことにより，理解度を確かめながら学習していくことができるので，国家試験に対応した学習を進めることができる．

## 2 基礎学習

① 基礎学習では国家試験問題を解答するために必要な知識を解説してある．
② **太字**の部分は，試験問題を解答するときのポイントとなる部分，あるいは今後の出題で重要と思われる部分なので，特に注意して学習すること．
③ **Point**　では，試験問題を解答するために必要な法則，公式，方式の特徴などをまとめてある．
④ **網掛け**の部分では，試験問題によく出題される用語の意味，項目の説明などについて解説してある．

## 3 基本問題練習

① 過去に出題された問題を中心に，各項目ごとに必要な問題をまとめてある．
② 実際の国家試験では，過去に出題された問題とまったく同じ問題が出題されることもあるが，計算の数値が変わっていたり，正解以外の選択肢の内容が変わって出題されることがある．穴埋め補完式の問題では穴の位置を変えて出題されることがあるので，解答以外の内容についても学習するとよい．
③ 各問題の**解説**では，計算問題については計算の過程を，説明問題では補足的な解説を示してある．公式を覚えることは重要であるが，それだけでは解答を導き出せないので，計算の過程をよく理解して計算方法に慣れておくことも必要である．また，正誤式の問題では誤っている箇所の正しい内容を示してあるので，それらを比較して学習するとよい．
④ p.**は，基礎学習で解説してある関連事項のページを示してある．問題を解きながら，関連する内容を参考にするときは，そのページを参照するとよい．

# 電波法の概要

## 1.1 電波法の目的（法1条）

　この法律は，電波の**公平**かつ**能率的**な利用を確保することによって，**公共の福祉**を増進することを目的とする．

　電波は有限な資源なので，電波の割り当てを早いもの勝ちにならないように公平に利用すること，また，通信方法を定める等により能率的に利用することによって，公共の福祉（国民全体の幸福）が増進されることを電波法の目的としている．

　（**法1条**）は電波法第1条を表す．

## 1.2 電波法令

　電波法及び電波法に規定する政令，省令等をまとめて電波法令といい，第一級陸上特殊無線技士の国家試験に関係する法令を次に示す．

| | |
|---|---|
| **法律** | 電波法（法） |
| **政令** | 電波法施行令（施行令） |
| | 電波法関係手数料令（手数料令） |
| **省令** | 電波法施行規則（施） |
| | 無線局免許手続規則（免） |
| | 無線設備規則（設） |
| | 無線従事者規則（従） |
| | 無線局運用規則（運） |
| | 無線局（放送局を除く．）の開設の根本的基準（根本基準） |
| | 特定無線設備の技術基準適合証明等に関する規則（技適） |

　（　）内は，本文中で用いられる条文の略記

法律は国会，政令は内閣，電波に関する省令及び告示は，総務省で制定される．

## 1.3 用語の定義（法2条）

電波法で規定されている基本的な用語には，次のものがある．

① **電波**　　　　300万メガヘルツ以下の周波数の電磁波
② **無線電信**　　電波を利用して，**符号**を送り，又は受けるための**通信設備**
③ **無線電話**　　電波を利用して，**音声**その他の**音響**を送り，又は受けるための**通信設備**
④ **無線設備**　　無線電信，無線電話その他電波を送り，又は受けるための**電気的設備**
⑤ **無線局**　　　無線設備及び無線設備の**操作を行う者**の総体をいう．ただし，受信のみを目的とするものを含まない．
⑥ **無線従事者**　無線設備の**操作**又は**その監督**を行う者であって，**総務大臣の免許**を受けたもの

> **Point**
> 用語の定義で用いられている用語のうち，通信設備，電気的設備，無線設備の違いに注意すること．

## 基本問題練習

### 問1

次の記述は，電波法の目的について，電波法の規定に沿って述べたものである．　　内に入れるべき字句の正しい組合せを下の番号から選べ．

この法律は，電波の　A　を確保することによって，　B　することを目的とする．

|   | A | B |
|---|---|---|
| 1 | 公平な利用 | 混信その他の妨害を排除 |
| 2 | 能率的な利用 | 電波を規律 |
| 3 | 有効な利用 | 無線通信を普及 |
| 4 | 公平かつ能率的な利用 | 公共の福祉を増進 |

▶▶▶▶ p.1

### 解答

 －4

### 問 2

次の記述は，電波法の目的及び電波法に定める定義について，同法の規定に沿って掲げたものである．　内に入れるべき字句の正しい組合せを下の番号から選べ．

① この法律は，電波の A な利用を確保することによって，公共の福祉を増進することを目的とする．
② 「無線電信」とは，電波を利用して， B を送り，又は受けるための通信設備をいう．
③ 「無線従事者」とは，無線設備の操作又は C を行う者であって，総務大臣の免許を受けたものをいう．

|   | A | B | C |
|---|---|---|---|
| 1 | 公平かつ能率的 | 符号 | その監督 |
| 2 | 公平かつ能率的 | モールス符号 | その管理 |
| 3 | 有効かつ適正 | モールス符号 | その監督 |
| 4 | 有効かつ適正 | 符号 | その監督及び管理 |

▶▶▶▶ p.1

### 問 3

次に掲げる用語の定義のうち，電波法の規定に照らし誤っているものを下の番号から選べ．
1 「電波」とは，300万ギガヘルツ以下の周波数の電磁波をいう．
2 「無線電話」とは，電波を利用して，音声その他の音響を送り，又は受けるための通信設備をいう．
3 「無線局」とは，無線設備及び無線設備の操作を行う者の総体をいう．ただし，受信のみを目的とするものを含まない．
4 「無線従事者」とは，無線設備の操作又はその監督を行う者であって，総務大臣の免許を受けたものをいう．

▶▶▶▶ p.2

**解説**　誤っている選択肢は次のようになる．
「電波」とは，300万メガヘルツ以下の周波数の電磁波をいう．

**解答**
問2 -1　　問3 -1

## 問4

次に掲げる用語の定義のうち，電波法の規定に照らし正しいものを下の番号から選べ．
1 「無線電信」とは，電波を利用して，符号を送り，又は受けるための通信設備をいう．
2 「電波」とは，3,000万メガヘルツ以下の周波数の電磁波をいう．
3 「無線設備」とは，無線電信，無線電話その他の電波を送り，又は受けるための通信設備をいう．
4 「無線従事者」とは，無線設備の操作又はその管理を行う者であって，総務大臣の免許を受けたものをいう．

▶▶▶▶ p.2

## 問5

「無線局」の定義について，電波法に規定されているものは，次のどれか．
1 送受信装置，空中線系及び免許人の総体をいう．
2 無線設備及び無線設備の保守管理を行う者の総体をいう．
3 送受信装置，空中線系及びこれらを設置した建物，敷地をいう．
4 無線設備及び無線設備の操作を行う者の総体をいう．ただし，受信のみを目的とするものを含まない．

▶▶▶▶ p.2

## 問6

次の記述は，電波法に規定する定義について述べたものである． 内に入れるべき字句の正しい組合せを下の番号から選べ．
① 「無線電信」とは，電波を利用して， A を送り，又は受けるための B をいう．
② 「無線設備」とは，無線電信，無線電話その他電波を送り，又は受けるための C をいう．

| | A | B | C |
|---|---|---|---|
| 1 | 符号 | 通信設備 | 電気的設備 |
| 2 | 符号 | 電気的設備 | 通信設備 |
| 3 | モールス符号 | 通信設備 | 電気的設備 |
| 4 | モールス符号 | 電気的設備 | 通信設備 |

▶▶▶▶ p.2

### 解答

問4 －1　　問5 －4　　問6 －1

# 無線局

## 2.1 無線通信業務及び無線局に関係する用語の定義（施3条,施4条）

無線通信業務及び無線局の種別を次のとおり定め，それぞれ下記のとおり定義する．

① 固定業務　　一定の固定地点間の無線通信業務（陸上移動中継局との間のものを除く.）
② 固定局　　固定業務を行う無線局
③ 陸上移動業務　　基地局と陸上移動局（陸上移動受信設備）との間又は陸上移動局相互間の無線通信業務（陸上移動中継局の中継によるものを含む.）
④ 基地局　　陸上移動局との通信（陸上移動中継局の中継によるものを含む.）を行うため陸上に開設する移動しない無線局（陸上移動中継局を除く.）
⑤ 陸上移動中継局　　基地局と陸上移動局との間及び陸上移動局相互間の通信を中継するため陸上に開設する移動しない無線局
⑥ 陸上移動局　　陸上を移動中又はその特定しない地点に停止中運用する無線局（船上通信局を除く.）
⑦ 衛星通信　　人工衛星局の中継により行う無線通信
⑧ **地球局**　　**宇宙局**と通信を行い，又は**受動衛星**その他の宇宙にある物体を利用して通信（宇宙局とのものを除く.）を行うため，地表又は地球の大気圏の主要部分に開設する無線局
⑨ 宇宙局　　地球の大気圏の主要部分の外にある物体（その主要部分の外に出ることを目的とし，又はその主要部分の外から入ったものを含む.「宇宙物体」という.）に開設する無線局

## 2.2 無線局の免許

### 1 無線局の開設（法4条）

無線局を開設しようとする者は，総務大臣の**免許**を受けなければならない．ただし，次の無線局については，この限りでない．

① 発射する電波が著しく微弱な無線局で総務省令で定めるもの．
② 26.9メガヘルツから27.2メガヘルツまでの周波数の電波を使用し，かつ，空中線電力

が0.5ワット以下である無線局のうち総務省令で定めるものであって，電波法に定める**適合表示無線設備**のみを使用するものをいう．
③ 空中線電力が0.01ワット以下である無線局のうち総務省令で定めるものであって，電波法の規定により指定された呼出符号又は呼出名称を自動的に送信し，又は受信する機能その他総務省令で定める機能を有することにより他の無線局にその運用を阻害するような混信その他の妨害を与えないように運用することができるもので，かつ，**適合表示無線設備**のみを使用するもの．
④ 電波法第27条の18第1項の規定による登録を受けて開設する無線局（「登録局」という．）

> ③の無線局には，特定小電力トランシーバ，コードレス電話，無線LANの無線局の無線設備等がある．

## 2 欠格事由（法5条）

**1** 次の各号のいずれかに該当する者には，無線局（放送局以外の無線局）の免許が与えられない．
① **日本の国籍**を有しない人
② **外国政府**又はその代表者
③ **外国の法人**又は団体
④ 法人又は団体であって，①から③の者がその代表者であるもの又はこれらの者がその役員の**3分の1**以上若しくは議決権の3分の1以上を占めるもの．
　ただし，陸上移動業務の無線局やアマチュア無線局等では，これらの制限が除外されているものがある．

**2** **1**の規定は，次に掲げる無線局については，適用しない．
① 実験等無線局
② アマチュア無線局
③ 大使館，公使館又は領事館の公用に供する無線局（特定の固定地点間の無線通信を行うものに限る．）であって，その国内において日本国政府又はその代表者が同種の無線局を開設することを認める国の政府又はその代表者の開設するもの
④ 自動車その他の陸上を移動するものに開設し，若しくは携帯して使用するために開設する無線局又はこれらの無線局若しくは携帯して使用するための受信設備と通信を行うために陸上に開設する移動しない無線局（電気通信業務を行うことを目的とするものを除く．）
⑤ 電気通信業務を行うことを目的として開設する無線局
⑥ 電気通信業務を行うことを目的とする無線局の無線設備を搭載する人工衛星の位置，姿勢等を制御することを目的として陸上に開設する無線局

> 「電気通信業務」とは，電気通信事業者（NTT，KDDI等の通信会社）の行う電気通信設備を用いて他人の通信を媒介し，その他電気通信設備を他人の通信の用に提供する公衆通信業務のことである．

**3** 次の各号のいずれかに該当する者には，無線局の免許を与えないことができる．
① 電波法又は放送法に規定する罪を犯し罰金以上の刑に処せられ，その執行を終り，又はその執行を受けることがなくなった日から2年を経過しない者
② 無線局の免許の取消しを受け，その取消しの日から2年を経過しない者

> 「罰金以上の刑」とは，死刑，懲役，禁錮，罰金を指すが，電波法，放送法の罰則規定に死刑はない．「執行を終わり」とは刑期を終了したか罰金を払ったことを指し，「執行を受けることがなくなった」とは恩赦や仮出獄等で刑の執行が免除されること等である．

**4** 放送局の免許が与えられない者
① **1**の①から③まで，又は**3**に該当する者
② 法人又は団体であって，**1**の①から③までの者が業務を執行する役員であるもの又はこれらの者がその議決権の5分の1以上を占めるもの
③ 法人又は団体であって，①に掲げる者により直接に占められる議決権の割合とこれらの者により②に掲げる者を通じて間接に占められる議決権の割合として総務省令で定める割合とを合計した割合がその議決権の5分の1以上を占めるもの（②に該当する場合を除く．）
　(1) **1**の①から③までに掲げる者
　(2) (1)に掲げる者により直接に占められる議決権の割合が総務省令で定める割合以上である法人又は団体
③ 法人又は団体であって，その役員が**3**の各号の一に該当する者であるもの

> **1**に該当する者は，無線局の免許が与えられないが，**2**に該当する者は，総務大臣の判断により無線局の免許が与えられることがある．

## 3 権限の委任（法104条の3）

電波法に規定する総務大臣の権限は，総務省令で定めるところにより，その一部を総合通信局長又は沖縄総合通信事務所長に委任することができる．

> 固定局，基地局，陸上移動局等の無線局の免許，特殊無線技士の無線従事者の免許等は，その地方を管轄する総合通信局長（沖縄総合通信事務所長を含む．）に権限が委任されている．

表2.1　総合通信局の名称，管轄都道府県

| 総合通信局 | 管轄都道府県 |
|---|---|
| 北海道総合通信局 | 北海道 |
| 東北総合通信局 | 宮城，福島，岩手，青森，山形，秋田 |
| 関東総合通信局 | 東京，神奈川，埼玉，群馬，茨城，栃木，千葉，山梨 |
| 信越総合通信局 | 長野，新潟 |
| 北陸総合通信局 | 石川，福井，富山 |
| 東海総合通信局 | 愛知，三重，静岡，岐阜 |
| 近畿総合通信局 | 大阪，京都，兵庫，奈良，滋賀，和歌山 |
| 中国総合通信局 | 広島，岡山，鳥取，島根，山口 |
| 四国総合通信局 | 愛媛，徳島，香川，高知 |
| 九州総合通信局 | 熊本，長崎，福岡，大分，佐賀，宮崎，鹿児島 |
| 沖縄総合通信事務所 | 沖縄 |

## 2.3 免許の申請

### 1 無線局の免許の申請（法6条）

無線局の免許を受けようとする者は，申請書に，次に掲げる事項を記載した書類を添えて，総務大臣に提出しなければならない．

① 目的
② 開設を必要とする理由
③ 通信の相手方及び通信事項
④ 無線設備の設置場所
⑤ 電波の型式並びに希望する周波数の範囲及び空中線電力
⑥ 希望する運用許容時間（運用することができる時間をいう．）
⑦ 無線設備の工事設計及び工事落成の予定期日
⑧ 運用開始の予定期日

### 2 申請の審査（法7条）

総務大臣は，**1**に規定する申請書を受理したときは，遅滞なくその申請が次の各号のいずれにも適合しているかどうかを審査しなければならない．

① **工事設計**が電波法第3章に定める技術基準に適合すること．
② **周波数の割当て**が可能であること．
③ ①，②に掲げるもののほか，総務省令で定める無線局（放送をする無線局（電気通信

業務を行うことを目的とするものを除く.）を除く.）の**開設の根本的基準**に合致すること.
無線局の免許の申請から免許の付与までの手続きを図2.1に示す.

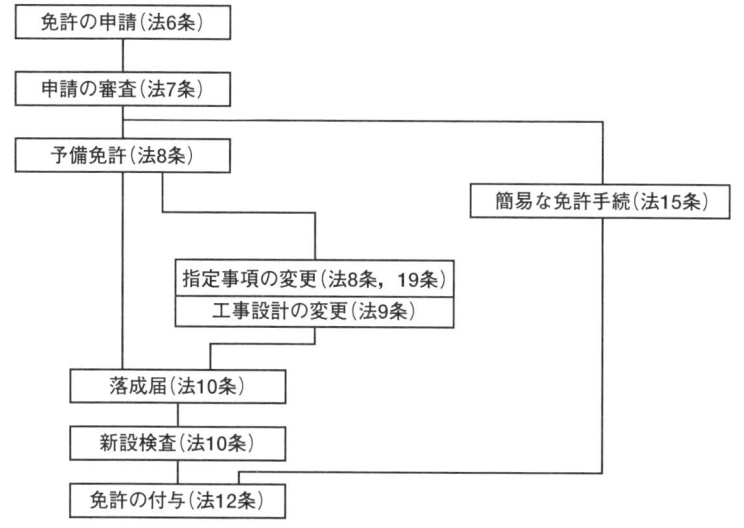

図2.1　無線局の免許の手続き

　予備免許

### ❶ 予備免許の付与（法8条）

1　総務大臣は，2.3節-❷の規定により審査した結果，その申請が電波法で定める審査基準に適合していると認めるときは，申請者に対し，次に掲げる事項を指定して，無線局の予備免許を与える.
　① 工事落成の期限
　② 電波の型式及び周波数
　③ 呼出符号（標識符号を含む.），呼出名称その他の総務省令で定める**識別信号**（「識別信号」という.）
　④ 空中線電力
　⑤ 運用許容時間

### ❷ 予備免許中の指定事項の変更（法8条，法19条）

1　総務大臣は，予備免許を受けた者から申請があった場合において，相当と認めるときは，工事落成の期限を延長することができる.

**2** 総務大臣は，免許人又は予備免許を受けた者が**識別信号**，**電波の型式**，**周波数**，**空中線電力**又は**運用許容時間**の指定の変更を申請した場合において，**混信の除去**その他特に必要があると認めるときは，その指定を変更することができる．

> 免許人とは，無線局の免許を受けた人（会社）のこと．**2**の規定は免許後の無線局に対しても適用される．

### ③ 予備免許中の工事設計等の変更（法9条）

**1** **1**の予備免許を受けた者は，工事設計を変更しようとするときは，あらかじめ**総務大臣**の**許可**を受けなければならない．ただし，総務省令で定める軽微な事項については，この限りでない．

**2** 1のただし書きの事項について工事設計を変更したときは，**遅滞なくその旨を総務大臣**に**届け出**なければならない．

**3** 1の変更は，周波数，電波の型式又は空中線電力に変更を来すものであってはならず，かつ，電波法に定める技術基準に合致するものでなければならない．

**4** **1**の予備免許を受けた者は，総務大臣の許可を受けて，通信の相手方，通信事項，放送事項，放送区域又は無線設備の設置場所を変更することができる．

---

**Point**

●**申請と届**
　**申請**は，総務大臣にお願いして許可や免許を求めることで，あらかじめ手続をしなければならない．
　**届け出**は，一般に何か行為をしてからそれを知らせる手続をすることである．

---

## 2.5　工事落成後の検査（法10条）

**1** 無線局の予備免許を受けた者は，工事が落成したときは，その旨を総務大臣に届け出て，その**無線設備**，無線従事者の**資格**（主任無線従事者の要件に係るものを含む．）及び**員数**並びに**時計及び書類**（「無線設備等」という）について検査を受けなければならない．

**2** 1の検査は，1の検査を受けようとする者が，当該検査を受けようとする無線設備等について電波法第24条の2第1項又は第24条の13第1項の登録を受けた者（「登録点検事業者」又は「登録外国点検事業者」のことをいう．）が総務省令で定めるところにより行った当該登録に係る点検の結果を記載した書類を添えて1の届出をした場合においては，その一部を省略することができる．

- **「並びに」と「及び」**
  どちらもいくつかの語句を併合して連結する接続詞である．
  **「及び」** は，同じ関係のものを並べるときに，「A，B，C及びD」のように用いられる．
  **「並びに」** は，近い関係のもの（A，B）と遠い関係のもの（1，2）を並べるときに，近い関係には「及び」を，遠い関係に「並びに」を用いて，「A及びB並びに1及び2」のように用いられる．

## 2.6 免許の拒否，免許の付与

### 1 免許の拒否（法11条）

予備免許の際に指定された工事落成の期限（予備免許中に申請して期限の延長があったときは，その期限）経過後2週間以内に工事落成の届出がないときは，総務大臣は，その無線局の免許を拒否しなければならない．

### 2 免許の付与（法12条）

総務大臣は，2.5節の規定による検査を行った結果，その無線設備が2.3節の工事設計（2.4節の規定による変更があったときは，変更があったもの）に合致し，かつ，その無線従事者の資格及び員数が電波法の規定に，その時計及び書類が電波法の規定にそれぞれ違反しないと認めるときは，遅滞なく申請者に対し免許を与えなければならない．

## 2.7 免許の有効期間・再免許

### 1 免許の有効期間（法13条）

免許の有効期間は，免許の日から起算して**5年**を超えない範囲内において総務省令で定める．ただし，再免許を妨げない．

### 2 再免許（免17条）

1 　再免許の期間は，アマチュア局（人工衛星等のアマチュア局を除く．）にあっては免許の有効期間満了前1か月以上1年を超えない期間，特定実験試験局にあっては免許の有効期間満了前1か月以上3か月を超えない期間，その他の無線局にあっては免許の有効期間満了**前3か月以上6か月を超えない**期間において行わなければならない．ただし，免許の有効期間が**1年以内**である無線局については，その有効期間**満了前1か月まで**に行うことができる．

**2** 免許の有効期間満了前1か月以内に免許を与えられた無線局については，**1**の規定にかかわらず，免許を受けた後直ちに再免許の申請を行わなければならない．

> 固定局や基地局等のほとんどの無線局の免許の有効期間は，免許の日から起算して5年と定められている．ただし，再免許を受けて継続して無線局を開設することができる．起算とは，1月10日に免許を受けた場合の有効期間は5年後の1月9日迄ということを意味する．

### ③ 簡易な免許手続（法15条）

無線局の再免許及び適合表示無線設備のみを使用する無線局その他総務省令で定める無線局の免許については，電波法第6条［免許の申請］及び第8条から第12条［予備免許，工事設計等の変更，落成後の検査，免許の拒否，免許の付与］までの規定にかかわらず，総務省令で定める簡易な手続によることができる．

簡易な免許手続では，免許の申請をすると予備免許及び落成後の検査は省略されて免許が与えられる．

## 2.8 免許状（法14条）

**1** 総務大臣は，免許を与えたときは，免許状を交付する．
**2** 免許状には，次に掲げる事項を記載しなければならない．
　① **免許の年月日**及び**免許の番号**
　② **免許人**（無線局の免許を受けた者をいう．）の**氏名**又は**名称**及び**住所**
　③ **無線局の種別**
　④ **無線局の目的**
　⑤ **通信の相手方**及び**通信事項**
　⑥ **無線設備**の**設置場所**
　⑦ **免許**の**有効期間**
　⑧ **識別信号**
　⑨ **電波の型式及び周波数**
　⑩ **空中線電力**
　⑪ **運用許容時間**

| 無線局免許状 | |
|---|---|
| 免許人の氏名又は名称 | |
| 免許人の住所 | |
| 無線局の種別 | 免許の番号 |
| 免許の年月日 | 免許の有効期間 |
| 無線局の目的 | 運用許容時間 |
| 通信事項 | |
| 通信の相手方 | |
| 識別信号 | |
| 無線設備の設置場所又は移動範囲 | |
| 電波の型式，周波数及び空中線電力 | |
| 備考 | |

法律に別段の定めがある場合を除くほか，この無線局の無線設備を使用し，特定の相手方に対して行われる無線通信を傍受してその存在若しくは内容を漏らし，又はこれを窃用してはならない．
　　年　　月　　日　　　　　　　　　　　　　　　　　　総　務　大　臣　㊞

**様式2.1　固定局等に交付される免許状の様式**

## 2.9　免許後の変更

### 1 無線設備等の変更（法17条，法9条）

1　免許人は，**通信の相手方**，**通信事項**若しくは無線設備の**設置場所**を変更し，又は**無線設備の変更の工事**をしようとするときは，あらかじめ総務大臣の**許可**を受けなければならない．ただし，総務省令で定める軽微な事項については，この限りでない．

2　1のただし書の事項について工事設計を変更したときは，遅滞なくその旨を総務大臣に届け出なければならない．

3　1の変更は，周波数，電波の型式又は空中線電力に変更を来すものであってはならず，かつ，電波法に定める技術基準に合致するものでなければならない．

### 2 変更検査（法18条）

1　**1**の1の規定により無線設備の**設置場所**の変更又は**無線設備**の変更の工事の許可を受けた免許人は，総務大臣の**検査**を受け，当該変更又は工事の結果がその変更の許可の内容に適合していると認められた後でなければ，許可に係る無線設備を運用してはならない．ただし，総務省令で定める場合は，この限りでない．

2　1の検査は，1の検査を受けようとする者が，当該検査を受けようとする無線設備について電波法第24条の2第1項又は第24条の13第1項の登録を受けた者（「登録点検事業者」又は「登録外国点検事業者」のことをいう．）が総務省令で定めるところにより行った当該登録に係る**点検**の結果を記載した書類を総務大臣に提出した場合においては，その**一部**を省略することができる．

### 3 指定事項の変更（法19条）

総務大臣は，免許人又は電波法第8条の予備免許を受けた者が**識別信号**，**電波の型式**，**周波数**，**空中線電力**又は**運用許容時間**の指定の変更を**申請**した場合において，**混信の除去**その他特に必要があると認めるときは，その指定を変更することができる．

> 無線局の変更が生ずる場合は，通信の相手方，無線設備等の変更と総務大臣が予備免許の際に指定した指定事項の変更がある．

##  廃止

### 1 廃止届（法22条，法23条）

1　免許人は，その無線局を**廃止**するときは，その旨を総務大臣に**届け出**なければならない．

2　免許人が無線局を廃止したときは，免許は，その効力を失う．

### 2 免許状の返納（法24条）

免許がその効力を失ったときは，免許人であった者は，**1か月以内**にその免許状を返納しなければならない．

### 3 空中線の撤去（法78条）

無線局の免許等（「免許」又は「登録」）がその効力を失ったときは，免許人等（「免許人」又は「登録人」）であった者は，遅滞なく空中線を撤去しなければならない．

## 2.11 特定無線局の免許（法27条の2）

通信の相手方である無線局からの電波を受けることによって自動的に選択される周波数の電波のみを発射する無線局のうち総務省令で定めるものであって，電波法で定める**適合表示無線設備**のみを使用するもの（「特定無線局」という．）を2以上開設しようとする者は，その特定無線局が**目的**，**通信の相手方**，**電波の型式**及び**周波数**並びに無線設備の規格（総務省令で定めるものに限る．）を同じくするものである限りにおいて，電波法第27条の3から第27条の11までに規定するところにより，これらの特定無線局を包括して対象とする免許を申請することができる．

> 携帯電話等の電気通信業務用の陸上移動局，MCA陸上移動局等を特定無線局という．これらの無線局は，あらかじめ多数の無線局を包括して，免許の手続き等を行うことができる．

## 2.12 無線局の登録

無線局の免許の申請においては，総務大臣が申請を審査したときに周波数の割り当てができない場合等は免許を拒否する場合もあるが，無線局の登録では，登録の欠格事由に該当しない等の条件を満足すれば必ず登録を受けることができる．

### 1 登録（法27条の18）

1 電波を発射しようとする場合において当該電波と周波数を同じくする電波を受信することにより一定の時間自己の電波を発射しないことを確保する機能を有する無線局その他無線設備の規格（総務省令で定めるものに限る．）を同じくする他の無線局の運用を阻害するような混信その他の妨害を与えないように運用することのできる無線局のうち総務省令で定めるものであって，適合表示無線設備のみを使用するものを総務省令で定める区域内に開設しようとする者は，総務大臣の登録を受けなければならない．

2 1の登録を受けようとする者は，総務省令で定めるところにより，次に掲げる事項を記載した申請書を総務大臣に提出しなければならない．
① 氏名又は名称及び住所並びに法人にあっては，その代表者の氏名
② 開設しようとする無線局の無線設備の規格
③ 無線設備の設置場所

④ 周波数及び空中線電力
**3** **2**の申請書には，開設の目的その他総務省令で定める事項を記載した書類を添付しなければならない．

## 2 登録の実施（法27条の19）

総務大臣は，**1**の1の登録の申請があったときは，電波法第27条の20の規定により登録を拒否する場合を除き，次に掲げる事項を総合無線局管理ファイルに登録しなければならない．
① **1**の**2**各号に掲げる事項
② 登録の年月日及び登録の番号

> 無線局の登録は，免許よりも簡易な手続きで無線局を開設することができる．5GHz帯無線アクセスシステムの無線局等が該当する．

## 基本問題練習

### 問1

次の記述は，「地球局」の定義に関する電波法施行規則の定義について述べたものである． ▢ 内に入れるべき字句の正しい組合せを下の番号から選べ．ただし， ▢ 内の同じ記号は，同じ字句を示す．

「地球局」とは， A と通信を行い，又は B その他の宇宙にある物体を利用して通信（ A とのものを除く．）を行うため，地表又は地球の大気圏の主要部分に開設する無線局をいう．

|   | A | B |   | A | B |
|---|---|---|---|---|---|
| 1 | 宇宙局 | 静止衛星 | 2 | 陸上中継局 | 能動衛星 |
| 3 | 宇宙局 | 受動衛星 | 4 | 人工衛星局 | 反射衛星 |

▶▶▶▶ p.5

### 問2

次の記述は，無線局の開設について，電波法の規定に沿って述べたものである． ▢ 内に入れるべき字句の正しい組合せを下の番号から選べ．

無線局を開設しようとする者は，総務大臣の A を受けなければならない．ただし，次

● 解答 ●

問1 －3

に掲げる無線局については，この限りでない．
   (1)　発射する電波が著しく微弱な無線局で総務省令で定めるもの
   (2)　 B までの周波数の電波を使用し，かつ，空中線電力が0.5ワット以下である無線局のうち総務省令で定めるものであって，電波法の規定により表示が付されている無線設備（「 C 」という．）のみを使用するもの
   (3)　空中線電力が0.01ワット以下である無線局のうち総務省令で定めるものであって，指定された呼出符号又は呼出名称を自動的に送信し，又は受信する機能その他総務省令で定める機能を有することにより他の無線局にその運用を阻害するような混信その他の妨害を与えないように運用することができるもので，かつ， C を使用するもの．

|   | A | B | C |
|---|---|---|---|
| 1 | 免許 | 26.9メガヘルツから27.2メガヘルツ | 適合表示無線設備 |
| 2 | 免許 | 73.6メガヘルツから74.8メガヘルツ | 型式検定無線設備 |
| 3 | 許可 | 73.6メガヘルツから74.8メガヘルツ | 適合表示無線設備 |
| 4 | 許可 | 26.9メガヘルツから27.2メガヘルツ | 型式検定無線設備 |

▶▶▶▶ p.5

### 問3

固定局の免許が与えられない者は，次のどれか．
1　日本の国籍を有する未成年の人
2　日本の国籍を有しない人（その国内において日本国民が，同種の無線局を開設することを認める国の国籍を有する人を除く．）
3　日本の法人又は団体
4　無線従事者の免許を有しない日本の国籍を有する人

▶▶▶▶ p.6

### 問4

無線局（実験無線局等を除く．）の免許の欠格事由に該当する者として電波法に規定されていない者を下の番号から選べ．
1　日本の国籍を有しない人
2　外国政府又はその代表者

### 解答

　問2　-1　　問3　-2

3 外国の法人又はその団体
4 法人又は団体であって，日本の国籍を有しない人がその職員の3分の1以上を占めるもの

### 問5

次の記述のうち，無線局（放送をする無線局（電気通信業務を行うことを目的とするものを除く.）を除く.）の免許の申請の審査事項に該当しないものを，電波法の規定に照らし下の番号から選べ.
1 工事設計が電波法に定める技術基準に適合すること.
2 周波数の割当てが可能であること.
3 当該業務を維持するに足りる財政的基礎があること.
4 総務省令で定める無線局（放送をする無線局（電気通信業務を行うことを目的とするものを除く.）を除く.）の開設の根本的基準に合致すること.

### 問6

次に掲げるもののうち，無線局の予備免許の際に総務大臣から指定される事項を，電波法の規定に照らし下の番号から選べ.
1 電波の型式及び周波数　　　2 通信の相手方及び通信事項
3 空中線の型式　　　　　　　4 無線局の目的

### 問7

次に掲げるもののうち，無線局の予備免許の際に総務大臣から指定される事項を，電波法の規定に照らし下の番号から選べ.
1 無線局の名称　　2 無線設備の設置場所　　3 免許の有効期間　　4 空中線電力

### 問8

次に掲げるもののうち，電波法の規定により無線局の予備免許が与えられるときに指定される事項でないものは，次のどれか.

### 解答

問4 -4　　問5 -3　　問6 -1　　問7 -4

1　空中線電力　　2　工事落成の期限　　3　運用許容時間　　4　無線局の種別

▶▶▶▶ p.9

**解説**　予備免許の際に指定される事項は，次のとおりである．
① 　工事落成の期限　　② 　電波の型式及び周波数　　③ 　識別信号
④ 　空中線電力　　　　⑤ 　運用許容時間

### 問9

次の無線局の予備免許中における指定事項等の変更に関する記述のうち，電波法の規定に照らし誤っているものを下の番号から選べ．
1　総務大臣は，予備免許を受けた者から申請があった場合において，相当と認めるときは，工事落成の期限を延長することができる．
2　予備免許を受けた者は，工事設計を変更しようとするときは，あらかじめ総務大臣に届け出なければならない．ただし，総務省令で定める軽微な事項については，この限りでない．
3　工事設計の変更は，周波数，電波の型式又は空中線電力に変更を来すものであってはならず，かつ，電波法に定める技術基準に合致するものでなければならない．
4　予備免許を受けた者は，総務大臣の許可を受けて，通信の相手方，通信事項又は無線設備の設置場所を変更することができる．

▶▶▶▶ p.9

### 問10

無線局の予備免許を受けた者は，工事設計を変更しようとするときは，あらかじめ総務大臣の許可を受けなければならないこととなっているが，総務省令で定める軽微な事項の変更の場合，電波法の規定によりどのようにしなければならないか，正しいものを下の番号から選べ．
1　変更した旨を工事落成後の検査の際に申し出なければならない．
2　工事落成後の検査の際，変更についての指示を待って届け出なければならない．
3　あらかじめ総務大臣に変更する旨を届け出なければならない．
4　変更したときは，遅滞なくその旨を総務大臣に届け出なければならない．

▶▶▶▶ p.10

### 問11

無線局の予備免許を受けた者は，工事が落成したときは，電波法の規定によりどのようにしなければならないか，正しいものを下の番号から選べ．

**解答**
問8　-4　　問9　-2　　問10　-4

1 あらかじめ運用開始の許可を受けなければならない．
2 工事が落成した旨を総務大臣に報告し，承認を受けなければならない．
3 運用開始の期日を総務大臣に届け出なければならない．
4 工事が落成した旨を総務大臣に届け出て，検査を受けなければならない．

▶▶▶▶ p.10

### 問12

次の記述は，無線局の落成後の検査について電波法の規定に沿って述べたものである．□内に入れるべき字句の正しい組合せを下の番号から選べ．

① 電波法第8条の予備免許を受けた者は，工事が落成したときは，その旨を総務大臣に届け出て，その無線設備，無線従事者の資格（主任無線従事者の要件に係るもの等を含む．）及び員数並びに A （以下「無線設備等」という．）について検査を受けなければならない．

② ①の検査は，①の検査を受けようとする者が，当該検査を受けようとする無線設備等について電波法第24条の2第1項又は第24条の13第1項の登録を受けた者（「登録点検事業者」又は「登録外国点検事業者」のことをいう．）が総務省令で定めるところにより行った当該登録に係る B を記載した書類を添えて①の届出をした場合においては，その C を省略することができる．

|   | A | B | C |
|---|---|---|---|
| 1 | 時計及び書類 | 点検の結果 | 一部 |
| 2 | 時計及び書類 | 検査の結果 | 全部 |
| 3 | 周波数測定装置 | 点検の結果 | 全部 |
| 4 | 周波数測定装置 | 検査の結果 | 一部 |

▶▶▶▶ p.10

### 問13

無線局の免許の有効期間について，電波法にはどのように定められているか，次のうちから選べ．

1 免許人があらかじめ希望した期間とする．
2 その無線設備が使用できなくなるまでとする．
3 免許の日から起算して5年を超えない範囲内において総務省令で定める．
4 免許の日から起算して3年を超えない範囲内において総務省令で定める．

▶▶▶▶ p.11

**解答**

問11 -4　　問12 -1　　問13 -3

### 問 14

次の記述は，固定局の再免許の申請について無線局免許手続規則の規定に沿って述べたものである．□内に入れるべき字句の正しい組合せを下の番号から選べ．

① 再免許の申請は，免許の有効期間満了前 A を超えない期間において行わなければならない．ただし，免許の有効期間が B 以内である無線局については，その有効期間満了前 C までに行うことができる．

② 免許の有効期間満了前 D 以内に免許を与えられた無線局については，①の規定にかかわらず，免許を受けた後直ちに再免許の申請を行わなければならない．

|   | A | B | C | D |
|---|---|---|---|---|
| 1 | 3か月以上6か月 | 2年 | 2か月 | 2か月 |
| 2 | 3か月以上6か月 | 1年 | 1か月 | 1か月 |
| 3 | 4か月以上6か月 | 2年 | 1か月 | 1か月 |
| 4 | 4か月以上6か月 | 1年 | 2か月 | 2か月 |

▶▶▶▶ p.11

### 問 15

次に掲げる事項のうち，固定局の免許状に記載される事項でないものを，電波法の規定に照らし下の番号から選べ．

1 通信方式　　2 運用許容時間　　3 電波の型式
4 無線設備の設置場所

▶▶▶▶ p.12

### 問 16

無線局の免許状に記載される事項でないものは，次のどれか．

1 無線局の種別　　　　2 無線従事者の氏名
3 運用許容時間　　　　4 免許人の氏名又は名称及び住所

▶▶▶▶ p.12

**解説** 固定局の免許状に記載される事項は，次のとおりである．

① 免許の年月日及び免許の番号　② 免許人の氏名又は名称及び住所
③ 無線局の種別　　④ 無線局の目的　　⑤ 通信の相手方及び通信事項
⑥ 無線設備の設置場所　⑦ 免許の有効期間　⑧ 識別信号
⑨ 電波の型式及び周波数　⑩ 空中線電力　⑪ 運用許容時間

**解答**

問14 -2　　問15 -1　　問16 -2

### 問17

免許人が通信事項を変更しようとするときは，総務大臣又は地方総合通信局長（沖縄総合通信事務所長を含む．）に対して，どのようにしなければならないか，正しいものを次のうちから選べ．

1　口頭でその旨を連絡する．
2　あらかじめその旨を申請してその許可を受ける．
3　文書でその旨を届け出る．
4　免許状を提出して訂正を受ける．

▶▶▶▶ p.13

### 問18

免許人は，無線設備の変更の工事（総務省令で定める軽微な事項を除く．）をしようとするときは，電波法の規定によりどうしなければならないか，正しいものを下の番号から選べ．

1　あらかじめ総務大臣に届け出なければならない．
2　あらかじめ総務大臣に届け出て，その指示を受けなければならない．
3　あらかじめ総務大臣の許可を受けなければならない．
4　適宜工事を行い，工事完了後総務大臣に届け出なければならない．

▶▶▶▶ p.13

### 問19

電波法の規定により，免許人があらかじめ地方総合通信局長（沖縄総合通信事務所長を含む．）の許可を受けなければならないのは，次のどの場合か．

1　無線局を廃止しようとするとき．
2　無線従事者を選任しようとするとき．
3　無線局の運用を休止しようとするとき．
4　無線設備の変更の工事をしようとするとき．

▶▶▶▶ p.13

### 問20

免許人が無線設備の設置場所を変更しようとするときは，どのようにしなければならないか，電波法の規定により正しいものを下の番号から選べ．

1　あらかじめ総務大臣に申請し，その許可を受ける．
2　無線設備の設置場所を変更後，総務大臣に届け出る．

#### 解答

問17 −2　　問18 −3　　問19 −4

3　あらかじめ免許状の訂正を受けた後，無線設備の設置場所を変更する．
4　あらかじめ総務大臣に届け出て，その指示を受ける．

▶▶▶▶ p.13

### 問21

免許人が無線設備の設置場所の変更の許可を受けて当該変更を行った後，許可に係る無線設備を運用するためには，総務省令で定める場合を除き，どのようにしなければならないか，正しいものを次のうちから選べ．
1　あらかじめ運用開始の許可を受けなければならない．
2　検査を受け，当該工事の結果が許可の内容に適合していると認められなければならない．
3　変更が完了した旨を報告し，承認を受けなければならない．
4　検査に合格した後，運用開始の期日を届け出なければならない．

▶▶▶▶ p.14

### 問22

次の記述は，無線局の変更検査について電波法の規定に沿って述べたものである．　　　内に入れるべき字句の正しい組合せを下の番号から選べ．
①　電波法第17条（変更等の許可）第1項の規定により　A　の変更又は無線設備の変更の工事の許可を受けた免許人は，総務大臣の検査を受け，当該変更又は工事の結果が同条同項の許可の内容に適合していると認められた後でなければ，許可に係る無線設備を運用してはならない．ただし，総務省令で定める場合は，この限りでない．
②　①の検査は，①の検査を受けようとする者が，当該検査を受けようとする無線設備について電波法第24条の2第1項又は第24条の13第1項の登録を受けた者（「登録点検事業者」又は「登録外国点検事業者」のことをいう．）が総務省令で定めるところにより行った当該登録に係る　B　を記載した書類を総務大臣に提出した場合においては，　C　を省略することができる．

| | A | B | C |
|---|---|---|---|
| 1 | 通信の相手方，通信事項若しくは無線設備の設置場所 | 検査の結果 | その一部 |
| 2 | 通信の相手方，通信事項若しくは無線設備の設置場所 | 点検の結果 | 当該検査 |
| 3 | 無線設備の設置場所 | 検査の結果 | 当該検査 |
| 4 | 無線設備の設置場所 | 点検の結果 | その一部 |

▶▶▶▶ p.14

### 解答

問20 -1　　問21 -2　　問22 -4

## 問23

免許人が空中線電力の指定の変更を受けようとするときは，電波法の規定によりどうしなければならないか，正しいものを下の番号から選べ．
1. 免許状を総務大臣に提出し，訂正を受ける．
2. 総務大臣にその旨を申請する．
3. あらかじめ総務大臣にその旨を届け出る．
4. あらかじめ総務大臣から指示を受ける．

▶▶▶▶ p.14

## 問24

免許人が電波の型式又は周波数の指定の変更を受けようとするときは，地方総合通信局長（沖縄総合通信事務所長を含む．）に対してどのようにしなければならないか，正しいものを次のうちから選べ．
1. あらかじめ指示を受ける．
2. 免許状を提出して，訂正を受ける．
3. その旨を申請する．
4. その旨を申告する．

▶▶▶▶ p.14

**解説** 一般に，基地局等の無線局に関する手続きは，総務大臣から権限が委任されている地方総合通信局長（沖縄総合通信事務所長を含む．）に申請する．

## 問25

次の記述は，申請による周波数等の指定の変更について電波法の規定に沿って述べたものである．☐内に入れるべき字句の正しい組合せを下の番号から選べ．

総務大臣は，免許人又は電波法第8条の予備免許を受けた者が識別信号，A ，周波数，B 又は運用許容時間の指定の変更を申請した場合において，C その他特に必要があると認めるときは，その指定を変更することができる．

|   | A | B | C |
|---|---|---|---|
| 1 | 変調方式 | 占有周波数帯幅 | 混信の除去 |
| 2 | 変調方式 | 空中線電力 | 公益上 |
| 3 | 電波の型式 | 通信方式 | 公益上 |
| 4 | 電波の型式 | 空中線電力 | 混信の除去 |

▶▶▶▶ p.14

### 解答

問23 -2　　問24 -3　　問25 -4

### 問26

次の記述は，無線局の廃止等に関する電波法の規定について述べたものである．□内に入れるべき字句の正しい組合せを下の番号から選べ．

① 免許人は，その無線局を[ A ]ときは，その旨を総務大臣に届け出なければならない．
② 免許がその効力を失ったときは，免許人であった者は，[ B ]以内にその免許状を返納しなければならない．
③ 無線局の免許がその効力を失ったときは，免許人であった者は，遅滞なく[ C ]を撤去しなければならない．

|   | A | B | C |
|---|---|---|---|
| 1 | 廃止した | 3か月 | 空中線 |
| 2 | 廃止する | 3か月 | 無線設備 |
| 3 | 廃止した | 1か月 | 電源設備 |
| 4 | 廃止する | 1か月 | 空中線 |

▶▶▶▶ p.14

### 問27

次の記述は，無線局の包括免許に関する電波法の規定について述べたものである．□内に入れるべき字句の正しい組合せを下の番号から選べ．

通信の相手方である無線局からの電波を受けることによって自動的に選択される周波数の電波のみを発射する無線局のうち総務省令で定めるものであって，適合表示無線設備のみを使用するもの（「特定無線局」という．）を[ A ]開設しようとする者は，その特定無線局が[ B ]，電波の型式及び周波数並びに無線設備の規格（総務省令で定めるものに限る．）を同じくするものである限りにおいて，電波法第27条の3から第27条の11までに規定するところにより，これらの特定無線局を包括して対象とする免許を申請することができる．

|   | A | B |
|---|---|---|
| 1 | 5以上 | 通信の相手方，通信事項 |
| 2 | 5以上 | 目的，通信の相手方 |
| 3 | 2以上 | 通信の相手方，通信事項 |
| 4 | 2以上 | 目的，通信の相手方 |

▶▶▶▶ p.15

### 解答

問26 －4　　問27 －4

# 3 無線設備

## 3.1 無線設備に関する用語の定義（施2条）

電波法施行規則で規定されている無線設備に関する用語には，次のものがある．

① **テレメーター**　電波を利用して，**遠隔地点**における測定器の測定結果を自動的に表示し，又は記録するための通信設備
② **テレビジョン**　電波を利用して，静止し，又は移動する事物の**瞬間的影像**を送り，又は受けるための通信設備
③ **ファクシミリ**　電波を利用して，永久的な形に受信するために**静止影像**を送り，又は受けるための通信設備
④ **無線測位**　電波の伝搬特性を用いてする位置の決定又は位置に関する情報の取得
⑤ **レーダー**　決定しようとする位置から**反射**され，又は再発射される無線信号と基準信号との比較を基礎とする無線測位の設備
⑥ **送信設備**　送信装置と送信空中線系とから成る電波を送る設備
⑦ **送信装置**　無線通信の送信のための高周波エネルギーを発生する装置及びこれに**付加する装置**
⑧ **送信空中線系**　送信装置の発生する高周波エネルギーを空間へ輻射する装置

「空中線系」とは，空中線と給電線等のことであり，空中線はアンテナのことである．

⑨ **無給電中継装置**　送信機，受信機その他の**電源を必要とする機器**を使用しないで電波の伝搬方向を変える中継装置
⑩ **無人方式の無線設備**　自動的に作動する無線設備であって，通常の状態においては**技術操作を直接必要としないもの**
⑪ **割当周波数**　無線局に割り当てられた周波数帯の中央の周波数
⑫ **特性周波数**　与えられた発射において容易に識別し，かつ，測定することのできる周波数
⑬ **基準周波数**　割当周波数に対して，固定し，かつ，特定した位置にある周波数をいう．この場合において，この周波数の割当周波数に対する偏位は，特性周波数が発射によって占有する周波数帯の中央の周波数に対してもつ偏位と同一の絶対値及び同一の符号をもつものとする．
⑭ **周波数の許容偏差**　発射によって占有する周波数帯の中央の周波数の**割当周波数**からの許容することができる**最大**の偏差又は発射の**特性周波数**の**基準周波数**か

らの許容することができる**最大**の偏差をいい，**百万分率**又は**ヘルツ**で表す．

⑮ **占有周波数帯幅**　その上限の周波数を超えて輻射され，及びその下限の周波数未満において輻射される平均電力がそれぞれ与えられた発射によって輻射される全平均電力の**0.5パーセント**に等しい上限及び下限の周波数帯幅をいう．ただし，**周波数分割多重方式**の場合，テレビジョン伝送の場合等**0.5パーセント**の比率が占有周波数帯幅及び必要周波数帯幅の定義を実際に適用することが困難な場合においては，異なる比率によることができる．

⑯ **スプリアス発射**　**必要周波数帯外**における1又は2以上の周波数の電波の発射であって，そのレベルを情報の伝送に影響を与えないで低減することができるものをいい，**高調波発射**，**低調波発射**，**寄生発射**及び**相互変調積**を含み，**帯域外発射**を含まないものとする．

⑰ **帯域外発射**　必要周波数帯に近接する周波数の電波の発射で情報の伝送のための変調過程において生ずるもの．

## 3.2　電波の型式の表示（施4条の2）

1　電波の主搬送波の変調の型式，主搬送波を変調する信号の性質及び伝送情報の型式は，次の各号に掲げるように分類し，それぞれ当該各号に掲げる記号及び数字で表示する．

| (1) | 主搬送波の変調の型式 | | | | 記号 |
|---|---|---|---|---|---|
| ① | 無変調 | | | | N |
| ② | 振幅変調 | (一) | 両側波帯 | | A |
| | | (二) | 全搬送波による単側波帯 | | H |
| | | (三) | 低減搬送波による単側波帯 | | R |
| | | (四) | 抑圧搬送波による単側波帯 | | J |
| | | (五) | 独立側波帯 | | B |
| | | (六) | 残留側波帯 | | C |
| ③ | 角度変調 | (一) | 周波数変調 | | F |
| | | (二) | 位相変調 | | G |
| ④ | パルス変調 | (一) | 無変調パルス列 | | P |
| | | (二) | 変調パルス列 | ア　振幅変調 | K |
| | | | | イ　幅変調又は時間変調 | L |
| | | | | ウ　位置変調又は位相変調 | M |
| ⑤ | その他のもの | | | | X |

| (2) 主搬送波を変調する信号の性質 | | 記号 |
|---|---|---|
| ① 変調信号のないもの | | 0 |
| ② デジタル信号である単一チャネルのもの | （一）変調のための副搬送波を使用しないもの | 1 |
| | （二）変調のための副搬送波を使用するもの | 2 |
| ③ アナログ信号である**単一**チャネルのもの | | **3** |
| ④ **デジタル**信号である**2以上**のチャネルのもの | | **7** |
| ⑤ **アナログ**信号である**2以上**のチャネルのもの | | **8** |
| ⑥ デジタル信号の1又は2以上のチャネルとアナログ信号の1又は2以上のチャネルを**複合**したもの | | 9 |
| ⑦ その他のもの | | X |

| (3) 伝送情報の型式 | | 記号 |
|---|---|---|
| ① 無情報 | | N |
| ② 電信 | （一）聴覚受信を目的とするもの | A |
| | （二）自動受信を目的とするもの | B |
| ③ ファクシミリ | | C |
| ④ データ伝送，遠隔測定又は遠隔指令 | | D |
| ⑤ **電話**（音響の放送を含む．） | | **E** |
| ⑥ テレビジョン（映像に限る．） | | F |
| ⑦ ①から⑥までの型式の**組合せ**のもの | | **W** |
| ⑧ その他のもの | | X |

2 電波の型式は，1に規定する主搬送波の変調の型式，主搬送波を変調する信号の性質及び伝送情報の型式を表す記号を，その順序に従って表記する．

**Point**

「F8E」は，周波数変調，アナログ信号である2以上のチャネルのもの，電話（音響の放送を含む．）を表し，SS-FM等のFM多重電話のことである．

「C3F」は，振幅変調であって残留側波帯のもの，アナログ信号である単一チャネルのもの，テレビジョン（映像に限る．）を表し，アナログテレビジョン伝送のことである．

## 3.3 電波の質

### 1 電波の質（法28条）
送信設備に使用する電波の周波数の**偏差**及び**幅**，**高調波の強度**等電波の質は，総務省令で定めるところに適合するものでなければならない．

### 2 周波数の許容偏差（設5条）
送信設備に使用する電波の周波数の許容偏差は，次の表（抜粋）に定めるとおりとする．

| 周波数帯 | 無線局 | 周波数の許容偏差<br>（百万分率） |
| --- | --- | --- |
| 2,450 MHzを超え10,500 MHz以下 | 固定局<br>(1)　100 W以下のもの<br>(2)　100 Wを超えるもの<br>地球局及び宇宙局 | 200<br>50<br>50 |
| 10.5 GHzを超え81 GHz以下 | 地球局及び宇宙局 | 100 |

> 範囲を表す表現において，「以上」はその値を含み，「超え」はその値を含まないで，それより上の値を表す．
> 「以下」はその値を含み，「未満」はその値を含まないで，それより下の値を表す．

### 3 スプリアス発射の強度の許容値（設7条）
1　「スプリアス発射の強度の許容値」とは，無変調時において給電線に供給される周波数ごとのスプリアス発射の平均電力により規定される許容値をいう．

2　スプリアス発射の強度の許容値は，次の表（抜粋）に定めるとおりとする．

| 基本周波数帯 | 空中線電力 | 帯域外領域におけるスプリアス発射の強度の許容値 |
| --- | --- | --- |
| 470 MHzを超え960 MHz以下 | 25 Wを超えるもの | 20 mW以下であり，かつ，基本周波数の平均電力より60 dB低い値 |
| | 1 Wを超え25 W以下 | 25 μW以下 |
| | 1 W以下 | 100 μW以下 |
| 960 MHzを超えるもの | 10 Wを超えるもの | 100 mW以下であり，かつ，基本周波数の平均電力より50 dB低い値 |
| | 10 W以下 | 100 μW以下 |

3　30 MHzを超え470 MHz以下の周波数の電波を使用する多重通信路の送信設備の帯域外

領域におけるスプリアス発射の強度の許容値は，2に規定する値にかかわらず，次のとおりとする．

| 空中線電力 | 帯域外領域におけるスプリアス発射の強度の許容値 |
|---|---|
| 25Wを超えるもの | 1mW以下であり，かつ，基本周波数の平均電力より60dB低い値 |
| 1Wを超え25W以下 | 25μW以下 |
| 1W以下 | 100μW以下 |

高調波発射，低調波発射，寄生発射及び相互変調積の必要周波数帯外に発射される不要な電波の発射をスプリアス発射という．

## 3.4 空中線電力の許容偏差（設14条）

空中線電力の許容偏差は，次の表（抜粋）に定めるとおりとする．

| 送信設備 | 許容偏差（％） | |
|---|---|---|
| | 上限 | 下限 |
| 470MHzを超える周波数の電波を使用する無線局の送信設備（航空機無線電話通信を行う無線局等の特に規定するものを除く．） | 50 | 50 |
| その他の送信設備（固定局の送信設備等） | 20 | 50 |

## 3.5 周波数の安定のための条件（設15条）

1 周波数をその**許容偏差内**に維持するため，送信装置は，できる限り**電源電圧**又は**負荷**の変化によって**発振周波数**に影響を与えないものでなければならない．
2 周波数をその**許容偏差内**に維持するため，**発振回路**の**方式**は，できる限り外囲の**温度**若しくは**湿度**の変化によって**影響を受けない**ものでなければならない．
3 移動局（移動するアマチュア局を含む．）の送信装置は，実際上起り得る**振動**又は**衝撃**によっても周波数をその**許容偏差内**に維持するものでなければならない．

## 3.6 安全施設

### 1 安全施設・無線設備の安全性の確保（法30条，施21条の2）

1 無線設備には，**人体**に危害を及ぼし，又は**物件**に**損傷**を与えることがないように，総務

省令で定める施設をしなければならない.
2 無線設備は，**破損**，発火，発煙等により**人体**に**危害**を及ぼし，又は**物件**に**損傷**を与えることがあってはならない.

## 2 電波の強度に対する安全施設（施21条の3）

1 無線設備には，当該無線設備から発射される電波の強度（**電界強度，磁界強度及び電力束密度をいう.**）が別表［省略］に定める値を超える場所（人が通常，集合し，通行し，その他出入りする場所に限る.）に取扱者のほか容易に出入りすることができないように，施設をしなければならない．ただし，次の各号に掲げる無線局の無線設備については，この限りでない．
① **平均電力が20ミリワット以下の無線局**の無線設備
② **移動する無線局**の無線設備
③ 地震，台風，洪水，津波，雪害，火災，暴動その他非常の事態が**発生し，又は発生するおそれがある場合**において，臨時に開設する無線局の無線設備
④ ①から③に掲げるもののほか，この規定を適用することが不合理であるものとして総務大臣が別に告示する無線局の無線設備
2 1の電波の強度の算出方法及び測定方法については，総務大臣が別に告示する．

## 3 高圧電気に対する安全施設

### （1）高圧電気の意義，高圧電気を使用する機器（施22条）

高圧電気（**高周波若しくは交流**の電圧300ボルト又は**直流**の電圧750ボルトを超える電気をいう.）を使用する電動発電機，変圧器，ろ波器，**整流器**その他の機器は，外部より容易にふれることができないように，**絶縁遮へい体又は接地された金属遮へい体**の内に収容しなければならない．ただし，**取扱者**のほか出入りできないように設備した場所に装置する場合は，この限りでない．

### （2）高圧電気を通ずる電線（施23条，施24条）

1 送信設備の各単位装置相互間をつなぐ電線であって高圧電気を通ずるものは，**線溝**若しくは丈夫な**絶縁体又は接地された金属遮へい体**の内に収容しなければならない．ただし，**取扱者**のほか出入りできないように設備した場所に装置する場合は，この限りでない．
2 送信設備の調整盤又は外箱から露出する電線に高圧電気を通ずる場合においては，その電線が絶縁されているときであっても，電気設備に関する技術基準を定める省令（昭和40年通商産業省令第61号）の規定するところに準じて保護しなければならない．

「絶縁遮へい体」，「絶縁体」，「接地された金属遮へい体」の用語の違いに注意すること．

### （3）高圧電気を通ずる空中線（施25条）

送信設備の空中線，給電線若しくはカウンターポイズであって高圧電気を通ずるものは，

その高さが人の歩行その他起居する平面から**2.5メートル以上**のものでなければならない。ただし，次の各号の場合は，この限りでない。

① **2.5メートル**に満たない高さの部分が，人体に容易にふれない構造である場合又は人体が容易にふれない位置にある場合
② 移動局であって，その移動体の構造上困難であり，かつ，**無線従事者**以外の者が出入しない場所にある場合

### （4）保安施設（施26条）

無線設備の**空中線系**には**避雷器**又は**接地装置**を，また，**カウンターポイズ**には**接地装置**をそれぞれ設けなければならない。ただし，**26.175 MHz**を超える周波数を使用する無線局の無線設備及び陸上移動局又は携帯局の無線設備の空中線については，この限りでない。

### （5）無線設備の保護装置（設8条）

1　真空管に使用する水冷装置には，冷却水の異状に対する警報装置又は電源回路の自動しゃ断器を装置しなければならない。
2　陽極損失1キロワット以上の真空管に使用する強制空冷装置には，送風の異状に対する警報装置又は電源回路の自動しゃ断器を装置しなければならない。
3　1及び2に規定するものの外，無線設備の電源回路には，ヒューズ又は**自動遮断器**を装置しなければならない。ただし，**負荷電力10ワット**以下のものについては，この限りでない。

> 出入りできる者の条件が，（1）および（2）では「取扱者」，（3）では「無線従事者」なので注意すること．

## 3.7　送信空中線の条件

### （1）送信空中線の型式及び構成（設20条）

送信空中線の型式及び構成は，次の各号に適合するものでなければならない。
①　空中線の**利得**及び**能率**がなるべく大であること．
②　**整合**が十分であること．
③　満足な**指向特性**が得られること．

### （2）送信空中線の指向特性（設22条）

空中線の指向特性は，次に掲げる事項によって定める。
①　**主輻射方向**及び**副輻射方向**
②　水平面の主輻射の**角度の幅**
③　空中線を設置する位置の近傍にあるものであって電波の伝わる方向を**乱すもの**
④　**給電線**よりの輻射

> 空中線の利得は，空中線の主輻射（放射）方向の同じ距離において，同じ電界を生ずるための基準空中線と試験する空中線との入力電力の比で求められる．

空中線の指向特性は，特定の方向へどれだけ強く電波を送受信できるかの性能のことである．電波の最大放射方向から放射電力が1/2となる角度の幅を主輻射の角度の幅という．

## 3.8 受信設備の条件（設25条）

受信設備は，なるべく次の各号に適合するものでなければならない．
① **内部雑音**が小さいこと．
② **感度**が十分であること．
③ **選択度**が適正であること．
④ **了解度**が十分であること．

## 3.9 人工衛星局の条件（法36条の2，施32条の5）

1 人工衛星局の無線設備は，**遠隔操作**により**電波の発射を直ちに停止**することのできるものでなければならない．
2 人工衛星局は，その無線設備の**設置場所**を**遠隔操作**により**変更**することができるものでなければならない．ただし，総務省令で定める人工衛星局については，この限りでない．
3 2のただし書の総務省令で定める人工衛星局は，**対地静止衛星に開設する人工衛星局以外の人工衛星局**とする．

対地静止衛星の無線設備の設置場所は，対地静止衛星の軌道（経度），経度の変動幅，緯度の変動幅で表示される．

## 3.10 VSAT地球局（設54条の3）

陸上に開設する2以上の地球局（移動するものであって，停止中にのみ運用を行うものに限る．）のうち，その送信の制御を行う他の一の地球局（「制御地球局」という．）と通信系を構成し，かつ，空中線の絶対利得が50デシベル以下の送信空中線を有するものの無線設備で，14.0 GHzを超え14.4 GHz以下の周波数の電波を送信し，12.44 GHzを超え12.75 GHz以下の周波数の電波を受信するもの（「VSAT地球局」という．）は，次の各号の条件に適合するものでなければならない．
① 送受信機の筐体は，容易に開けることができないこと．
② 変調方式は，**周波数変調**又は**位相変調**であること．

③ 空中線の交差偏波識別度は，27デシベル以上であること．
④ 送信空中線から輻射される40kHz帯域幅当たりの電力は，次の表の左欄に掲げる区別に従い，それぞれ同表の右欄に掲げるとおりのものであること．

| 主輻射の方向からの離角〔θ〕 | 最大輻射電力（1ワットを0デシベルとする．） |
|---|---|
| 2.5度以上7度未満 | 次に掲げる式による値以下<br>$33 - 25\log_{10}\theta$ デシベル |
| 7度以上9.2度未満 | 12デシベル以下 |
| 9.2度以上48度未満 | 次に掲げる式による値以下<br>$36 - 25\log_{10}\theta$ デシベル |
| 48度以上180度以下 | $-6$デシベル以下 |

⑤ 送信装置の発振回路に故障が生じた場合において，自動的に電波の発射を停止する機能を有すること．
⑥ 人工衛星局の中継により制御地球局が送信する制御信号を受信した場合に限り，送信を開始できる機能を有すること．

VSAT地球局は，他の一の地球局によってその送信の制御が行われる小規模地球局である．

## 基本問題練習

### 問 1

電波法施行規則に定める定義に合致しないものを下の番号から選べ．
1 「テレメーター」とは，電波を利用して，遠隔地点における測定器の測定結果を自動的に表示し，又は記録するための通信設備をいう．
2 「テレビジョン」とは，電波を利用して，静止し，又は移動する事物の瞬間的影像を送り，又は受けるための通信設備をいう．
3 「ファクシミリ」とは，電波を利用して，永久的な形に受信するために静止影像を送り，又は受けるための通信設備をいう．
4 「レーダー」とは，決定しようとする位置から発射され，又は再発射される無線信号と基準信号との比較を基礎とする無線測位の設備をいう．

▶▶▶▶ p.26

● 解答 ●

問 1 －4

### 問2

次の記述は，「送信装置」の定義について，電波法施行規則の規定に沿って述べたものである．　　内に入れるべき字句を下の番号から選べ．

「送信装置」とは，無線通信の送信のための高周波エネルギーを発生する装置及び　　をいう．

1　空間へ輻射する装置　　　　2　これに付加する装置
3　送信空中線系　　　　　　　4　その保護装置

▶▶▶▶ p.26

### 問3

「無給電中継装置」の定義について，電波法施行規則に規定されているものを下の番号から選べ．

1　自動的に動作する無線設備であって，通常の状態においては技術操作を直接必要としないものをいう．
2　送信機，受信機その他の電源を必要とする機器を使用しないで電波の伝搬方向を変える中継装置をいう．
3　受信装置のみによって電波の伝搬方向を変える中継装置をいう．
4　電源として太陽電池を使用して自動的に中継する装置をいう．

▶▶▶▶ p.26

### 問4

「無人方式の無線設備」の定義について，電波法施行規則に規定されているものを下の番号から選べ．

1　無線従事者が常駐しない場所に設置されている無線設備をいう．
2　自動的に動作する無線設備であって，通常の状態においては技術操作を直接必要としないものをいう．
3　無線設備の操作を全く必要としない無線設備をいう．
4　他の無線局が遠隔操作をすることによって動作する無線設備をいう．

▶▶▶▶ p.26

**解答**

問2 -2　　問3 -2　　問4 -2

### 問 5

次の記述は,「周波数の許容偏差」の定義について電波法施行規則の規定に沿って述べたものである. □ 内に入れるべき字句の正しい組合せを下の番号から選べ.

「周波数の許容偏差」とは,発射によって占有する周波数帯の中央の周波数の A からの許容することができる最大の偏差又は発射の B からの許容することができる最大の偏差をいい,百万分率又はヘルツで表す.

| | A | B |
|---|---|---|
| 1 | 基準周波数 | 割当周波数の特性周波数 |
| 2 | 基準周波数 | 特性周波数の割当周波数 |
| 3 | 割当周波数 | 基準周波数の特性周波数 |
| 4 | 割当周波数 | 特性周波数の基準周波数 |

▶▶▶▶ p.26

### 問 6

次の記述は,「占有周波数帯幅」の定義について電波法施行規則の規定に沿って述べたものである. □ 内に入れるべき字句の正しい組合せを下の番号から選べ.ただし, □ 内の同じ記号は,同じ字句を示す.

「占有周波数帯幅」とは,その上限の周波数を超えて輻射され,及びその下限の周波数未満において輻射される平均電力がそれぞれ与えられた発射によって輻射される全平均電力の A に等しい上限及び下限の周波数帯幅をいう.ただし, B の場合,テレビジョン伝送の場合等 A の比率が占有周波数帯幅及び必要周波数帯幅の定義を実際に適用することが困難な場合においては,異なる比率によることができる.

| | A | B |
|---|---|---|
| 1 | 0.1パーセント | 時分割多重方式 |
| 2 | 0.1パーセント | 周波数分割多重方式 |
| 3 | 0.5パーセント | 時分割多重方式 |
| 4 | 0.5パーセント | 周波数分割多重方式 |

▶▶▶▶ p.27

### 問 7

次の記述は,「スプリアス発射」の定義について,電波法施行規則の規定に沿って述べた

**解答**

問 5 -4   問 6 -4

ものである．□内に入れるべき字句の正しい組合せを下の番号から選べ．

「スプリアス発射」とは，　A　外における1又は2以上の周波数の電波の発射であって，そのレベルを情報の伝送に影響を与えないで低減することができるものをいい，　B　，寄生発射及び相互変調積を含み，帯域外発射を含まないものとする．

|   | A | B |
|---|---|---|
| 1 | 必要周波数帯 | 高調波発射 |
| 2 | 占有周波数帯幅 | 低調波発射 |
| 3 | 必要周波数帯 | 高調波発射，低調波発射 |
| 4 | 占有周波数帯幅 | 高調波発射，低調波発射 |

▶▶▶▶ p.27

### 問8

電波の主搬送波の変調の型式が「パルス変調で無変調パルス列」のものを表示する電波の型式の記号はどれか．電波法施行規則の規定により正しいものを下の番号から選べ．

1　A　　　　2　F　　　　3　K　　　　4　P

▶▶▶▶ p.27

### 問9

次に掲げる電波の型式を表示する記号のうち，電波の主搬送波の変調の型式が周波数変調のもの，主搬送波を変調する信号の性質がアナログ信号である2以上のチャネルのもの及び伝送情報の型式が電話（音響の放送を含む．）のものはどれか．電波法施行規則の規定により正しいものを下の番号から選べ．

1　A3E　　　2　F3E　　　3　F7C　　　4　F8E

▶▶▶▶ p.27

### 問10

次に掲げる記号をもって表示する電波の型式のうち，電波の主搬送波の変調の型式が振幅変調であって残留側波帯のもの，主搬送波を変調する信号の性質がアナログ信号である単一チャネルのもの及び伝送情報の型式がテレビジョン（映像に限る．）のものはどれか．電波法施行規則の規定により正しいものを下の番号から選べ．

1　A3E　　　2　C3F　　　3　F7C　　　4　G7W

▶▶▶▶ p.27

### 解答

問7 －3　　問8 －4　　問9 －4　　問10 －2

### 問11

次に掲げる記号をもって表示する電波の型式のうち、電波の主搬送波の変調の型式が角度変調であって周波数変調のもの、主搬送波を変調する信号の性質がデジタル信号の1又は2以上のチャネルとアナログ信号の1又は2以上のチャネルを複合したもの並びに伝送情報の型式がファクシミリ、データ伝送及び電話（音響の放送を含む.）の組合せのものはどれか、電波法施行規則の規定により正しいものを下の番号から選べ.

1　A3C　　　2　F7E　　　3　F8D　　　4　F9W

▶▶▶ p.27

### 問12

次の表は、記号をもって表示する電波の型式について、各記号が表す主搬送波の変調の型式、主搬送波を変調する信号の性質及び伝送情報の型式の内容を掲げたものである．電波法施行規則の規定に照らしその内容の組合せの正しいものを表の中の番号から選べ.

| 番号 | 電波の型式 | 各記号が表す内容 | | |
|---|---|---|---|---|
| | | 主搬送波の変調の型式 | 主搬送波を変調する信号の性質 | 伝送情報の型式 |
| 1 | F3C | 周波数変調 | アナログ信号である単一チャネルのもの | データ伝送，遠隔測定又は遠隔指令 |
| 2 | G7D | 位相変調 | アナログ信号である2以上のチャネルのもの | ファクシミリ |
| 3 | F7E | 周波数変調 | デジタル信号である2以上のチャネルのもの | 電話（音響の放送を含む.） |
| 4 | F9W | 周波数変調 | デジタル信号の1又は2以上のチャネルとアナログ信号の1又は2以上のチャネルを複合したもの | テレビジョン（映像に限る.） |

▶▶▶ p.27

**解説**　「F3C」は、周波数変調，アナログ信号である単一チャネルのもの，ファクシミリ
　　　「G7D」は、位相変調，デジタル信号である2以上のチャネルのもの，データ伝送，遠隔測定又は遠隔指令
　　　「F9W」は、周波数変調，デジタル信号の1又は2以上のチャネルとアナログ信号の1又は2以上のチャネルを複合したもの，伝送情報の型式を組み合わせたもの

### 解答

問11 －4　　問12 －3

## 問13

次に掲げる記号をもって表示する電波の型式のうち，電波法施行規則の規定に照らし，その内容が誤っているものを下の番号から選べ。

1 「A3E」は，主搬送波の変調の型式が振幅変調であって両側波帯，主搬送波を変調する信号の性質がアナログ信号である単一チャネルのもの及び伝送情報の型式が電話（音響の放送を含む.）であるものを示す．
2 「F7D」は，主搬送波の変調の型式が周波数変調，主搬送波を変調する信号の性質がアナログ信号である2以上のチャネルのもの及び伝送情報の型式がテレビジョン（映像に限る.）であるものを示す．
3 「F8E」は，主搬送波の変調の型式が周波数変調，主搬送波を変調する信号の性質がアナログ信号である2以上のチャネルのもの及び伝送情報の型式が電話（音響の放送を含む.）であるものを示す．
4 「F9C」は，主搬送波の変調の型式が周波数変調，主搬送波を変調する信号の性質がデジタル信号の1又は2以上のチャネルとアナログ信号の1又は2以上のチャネルを複合したもの及び伝送情報の型式がファクシミリであるものを示す．

▶▶▶▶ p.27

**解説** 「F7D」は，主搬送波の変調の型式が周波数変調，主搬送波を変調する信号の性質がデジタル信号である2以上のチャネルのもの及び伝送情報の型式がデータ伝送，遠隔測定又は遠隔指令であるものを示す．

## 問14

電波の質を表すもののうち，電波法に規定するものは，次のどれか．

1 信号対雑音比　　　　　2 変調度
3 電波の型式　　　　　　4 高調波の強度

▶▶▶▶ p.29

## 問15

次の記述は，電波の質について，電波法の規定に沿って述べたものである．□内に入れるべき字句を下の番号から選べ．

送信設備に使用する□等電波の質は，総務省令で定めるところに適合するものでなければならない．

1 電波の周波数の幅及び空中線電力の偏差

### 解答

問13 －2　　問14 －4

2 電波の周波数の偏差及び空中線電力の偏差
3 電波の周波数の偏差及び幅，高調波の強度
4 空中線電力の偏差及び高調波の強度

▶▶▶▶ p.29

### 問16

次の記述は，30 MHzを超え470 MHz以下の周波数の電波を使用する固定局の多重通信路の送信設備の帯域外領域におけるスプリアス発射の強度の許容値について，無線設備規則の規定に沿って述べたものである．□内に入れるべき字句を下の番号から選べ．

基本周波数の空中線電力の平均電力が1 Wを越え25 W以下の送信設備にあっては，給電線に供給される帯域外領域における周波数ごとのスプリアス発射の平均電力が□以下である値を許容値とする．

1  $2.5\,\mu W$　　　2  $25\,\mu W$　　　3  $100\,\mu W$　　　4  $1\,mW$

▶▶▶▶ p.29

### 問17

次の記述は，38 GHz帯の周波数の電波を使用する固定局の送信設備の帯域外領域におけるススプリアス発射の強度の許容値について，無線設備規則の規定に沿って述べたものである．□内に入れるべき字句を下の番号から選べ．

基本周波数の空中線電力の平均電力が10 W以下の送信設備にあっては，給電線に供給される帯域外領域における周波数ごとのスプリアス発射の平均電力が□以下である値を許容値とする．

1  $2.5\,\mu W$　　　2  $25\,\mu W$　　　3  $100\,\mu W$　　　4  $1\,mW$

▶▶▶▶ p.29

**解説**　960 MHzを越える周波数の電波を使用する無線局の送信設備のスプリアス発射の強度の許容値の規定が適用される．

### 問18

38 GHz帯の周波数の電波を使用する固定局の送信設備の空中線電力の許容偏差は幾らか，無線設備規則の規定により正しいものを下の番号から選べ．

1  上限5パーセント　下限10パーセント　　2  上限10パーセント　下限20パーセント
3  上限20パーセント　下限50パーセント　　4  上限50パーセント　下限50パーセント

▶▶▶▶ p.30

### 解答

問15 -3　　問16 -2　　問17 -3

**解説** 470 MHzを超える周波数の電波を使用する無線局の送信設備の空中線電力の許容偏差の規定が適用される．

### 問19

次の記述は，送信装置の周波数の安定のための条件について，無線設備規則の規定に沿って述べたものである．□内に入れるべき字句の正しい組合せを下の番号から選べ．

周波数をその許容偏差内に維持するため，送信装置は，できる限り A の変化によって B ものでなければならない．

|   | A | B |
|---|---|---|
| 1 | 電源電圧又は負荷 | 発振周波数に影響を与えない |
| 2 | 外囲の温度又は湿度 | 発振周波数に影響を与えない |
| 3 | 外囲の温度又は湿度 | 影響を受けない |
| 4 | 電源電圧又は負荷 | 影響を受けない |

▶▶▶▶ p.30

### 問20

次の記述は，周波数の安定のための条件について，無線設備規則の規定に沿って述べたものである．□内に入れるべき字句の正しい組合せを下の番号から選べ．ただし，□内の同じ記号は，同じ字句を示す．

① 周波数をその A 内に維持するため，送信装置は，できる限り B によって発振周波数に影響を与えないものでなければならない．

② 周波数をその A 内に維持するため，発振回路の方式は，できる限り外囲の温度若しくは湿度の変化によって影響を受けないものでなければならない．

③ 移動局（移動するアマチュア無線局を含む．）の送信装置は，実際上起り得る C によっても周波数をその A 内に維持するものでなければならない．

|   | A | B | C |
|---|---|---|---|
| 1 | 占有周波数帯幅 | 電源電圧又は負荷の変化 | 振動又は衝撃 |
| 2 | 占有周波数帯幅 | 振動又は衝撃 | 電源電圧又は負荷の変化 |
| 3 | 許容偏差 | 電源電圧又は負荷の変化 | 振動又は衝撃 |
| 4 | 許容偏差 | 振動又は衝撃 | 電源電圧又は負荷の変化 |

▶▶▶▶ p.30

### 解答

**問18** -4　　**問19** -1　　**問20** -3

## 問21

次の記述は，安全施設に関する電波法の規定について述べたものである．　　内に入れるべき字句を下の番号から選べ．

無線設備には，　　ことがないように，総務省令で定める施設をしなければならない．

1　人体に傷害を与え，又は自然環境を破壊させる
2　他の電気的設備の機能に障害を与える
3　人体に危害を及ぼし，又は物件に損傷を与える
4　無線局の運用に支障を来す

▶▶▶▶ p.30

## 問22

次の記述は，無線設備の安全性の確保に関する電波法施行規則の規定について述べたものである．　　内に入れるべき字句の正しい組合せを下の番号から選べ．

無線設備は，　A　，発火，発煙等により　B　に危害を及ぼし，又は　C　に損傷を与えることがあってはならない．

|   | A | B | C |
|---|---|---|---|
| 1 | 漏電 | 人体 | 他の電気的設備 |
| 2 | 漏電 | 他人 | 物件 |
| 3 | 破損 | 人体 | 物件 |
| 4 | 倒壊 | 周辺 | 他の電気的設備 |

▶▶▶▶ p.31

## 問23

次の記述は，電波の強度に対する安全施設について電波法施行規則の規定に沿って述べたものである．　　内に入れるべき字句の正しい組合せを下の番号から選べ．

① 無線設備には，当該無線設備から発射される電波の強度（　A　をいう．以下同じ．）が別表に定める値を超える場所（人が通常，集合し，通行し，その他出入りする場所に限る．）に取扱者のほか容易に出入りすることができないように，施設をしなければならない．ただし，次に掲げる無線局の無線設備については，この限りでない．

　（1）　B　以下の無線局の無線設備
　（2）　移動する無線局の無線設備

## 解答

問21 -3　　問22 -3

(3) 地震，台風，洪水，津波，雪害，火災，暴動その他非常の事態が発生し，又は発生するおそれがある場合において，臨時に開設する無線局の無線設備

(4) (1)から(3)までに掲げるもののほか，この規定を適用することが不合理であるものとして総務大臣が別に告示する無線局の無線設備

② ①の電波の強度の算出方法及び測定方法については，総務大臣が別に告示する．

|   | A | B |
|---|---|---|
| 1 | 電界強度及び磁界強度 | 平均電力が50ミリワット |
| 2 | 電界強度及び磁界強度 | 規格電力が20ミリワット |
| 3 | 電界強度，磁界強度及び電力束密度 | 平均電力が20ミリワット |
| 4 | 電界強度，磁界強度及び電力束密度 | 規格電力が50ミリワット |

p.31

### 問24

次の記述は，高圧電気に対する安全施設について電波法施行規則の規定に沿って述べたものである．□内に入れるべき字句の正しい組合せを下の番号から選べ．

高圧電気（高周波若しくは A の電圧300ボルト又は B の電圧750ボルトを超える電気をいう．）を使用する電動発電機，変圧器，ろ波器，整流器その他の機器は，外部より容易にふれることができないように，絶縁遮へい体又は C の内に収容しなければならない．ただし， D のほか出入りできないように設備した場所に装置する場合は，この限りでない．

|   | A | B | C | D |
|---|---|---|---|---|
| 1 | 交流 | 直流 | 金属遮へい体 | 無線従事者 |
| 2 | 交流 | 直流 | 接地された金属遮へい体 | 取扱者 |
| 3 | 直流 | 交流 | 金属遮へい体 | 取扱者 |
| 4 | 直流 | 交流 | 接地された金属遮へい体 | 無線従事者 |

p.31

### 問25

次の記述は，高圧電気に対する安全施設について電波法施行規則の規定に沿って述べたものである．□内に入れるべき字句の正しい組合せを下の番号から選べ．

送信設備の各単位装置相互間をつなぐ電線であって高圧電気を通ずるものは， A 若しくは丈夫な絶縁体又は B 金属遮へい体の内に収容しなければならない．ただし， C のほか出入りできないように設備した場所に装置する場合は，この限りでない．

### 解答

問23 -3　　問24 -2

第3章　無線設備

基本問題練習

|   | A | B | C |
|---|---|---|---|
| 1 | 外箱 | 接地された | 無線従事者 |
| 2 | 外箱 | 赤色の彩色が施された | 取扱者 |
| 3 | 線溝 | 接地された | 取扱者 |
| 4 | 線溝 | 赤色の彩色が施された | 無線従事者 |

▶▶▶▶ p.31

### 問26

高圧電気（高周波若しくは交流の電圧300ボルト又は直流の電圧750ボルトを超える電気をいう．）を使用する電動発電機，変圧器，ろ波器，整流器その他の機器について，電波法施行規則の規定によりしなければならない安全施設を下の番号から選べ．

1　見やすいか所に「高圧注意」の表示をしなければならない．
2　外部より容易にふれることができないように，絶縁遮へい体又は接地された金属遮へい体の内に収容しなければならない．ただし，取扱者のほか出入りできないように設備した場所に装置する場合は，この限りでない．
3　自動遮断器を設けなければならない．
4　防護柵を設けなければならない．

▶▶▶▶ p.31

### 問27

送信設備の各単位装置相互間をつなぐ電線であって高圧電気を通ずるものは，どうしなければならないか，電波法施行規則の規定により正しいものを下の番号から選べ．

1　避雷器又は接地装置を設けなければならない．ただし，無線従事者以外の者が出入りしない場所にある場合は，この限りでない．
2　絶縁されているか，又はその高さが人の歩行その他起居する平面から2.5メートル以上のものでなければならない．
3　線溝若しくは丈夫な絶縁体又は接地された金属遮へい体の内に収容しなければならない．ただし，取扱者のほか出入りできないように設備した場所に装置する場合は，この限りでない．
4　絶縁されており，かつ，電気設備に関する技術基準を定める省令（昭和40年経済産業省令第61号）の規定するところに従い保護しなければならない．

▶▶▶▶ p.31

### 解答

問25　-3　　問26　-2　　問27　-3

## 問 28

次の記述は，高圧電気に対する安全施設について電波法施行規則の規定に沿って述べたものである．☐内に入れるべき字句の正しい組合せを下の番号から選べ．ただし，☐内の同じ記号は，同じ字句を示す．

送信設備の空中線，給電線若しくはカウンターポイズであって高圧電気を通ずるものは，その高さが人の歩行その他起居する平面から A 以上のものでなければならない．ただし，次に掲げる場合は，この限りでない．

(1) A に満たない高さの部分が，人体に容易にふれない構造である場合又は人体に B 位置にある場合
(2) 移動局であって，その移動体の構造上困難であり，かつ， C 以外の者が出入しない場所にある場合

|   | A | B | C |
|---|---|---|---|
| 1 | 2.5メートル | 接近できない | 取扱者 |
| 2 | 2.5メートル | ふれない | 無線従事者 |
| 3 | 2メートル | 接近できない | 無線従事者 |
| 4 | 2メートル | ふれない | 取扱者 |

p.31

## 問 29

次の記述は，無線局の無線設備の空中線等の保安施設に関する電波法施行規則の規定について述べたものである．☐内に入れるべき字句の正しい組合せを下の番号から選べ．

無線設備の空中線系には A を，また，カウンターポイズには接地装置をそれぞれ設けなければならない．ただし， B 周波数を使用する無線局の無線設備及び陸上移動局又は携帯局の無線設備の空中線については，この限りでない．

|   | A | B |
|---|---|---|
| 1 | 避雷器 | 26.175 MHz以下の |
| 2 | 避雷器又は接地装置 | 26.175 MHz以下の |
| 3 | 避雷器 | 26.175 MHzを超える |
| 4 | 避雷器又は接地装置 | 26.175 MHzを超える |

p.32

### 解答

問28 -2　　問29 -4

## 問30

次の記述は，無線設備の保護装置について，無線設備規則の規定に沿って述べたものである．□内に入れるべき字句の正しい組合せを下の番号から選べ．

無線設備の電源回路には，□A□又は自動遮断器を装置しなければならない．ただし，□B□10ワット以下のものについては，この限りでない．

|   | A | B |   | A | B |
|---|---|---|---|---|---|
| 1 | 抵抗器 | 空中線電力 | 2 | ヒューズ | 空中線電力 |
| 3 | 抵抗器 | 負荷電力 | 4 | ヒューズ | 負荷電力 |

▶▶▶▶ p.32

## 問31

送信空中線の型式及び構成の適合すべき条件について，無線設備規則に規定されているものを下の番号から選べ．
1 空中線電力をその許容偏差内に維持できるものであること．
2 風雪及び氷結に耐えるものであること．
3 空中線の利得及び能率がなるべく大であること．
4 できる限り外囲の温度の変化によって影響を受けないものであること．

▶▶▶▶ p.32

## 問32

送信空中線の型式及び構成が適合しなければならない条件について，無線設備規則に規定されていないものを下の番号から選べ．
1 整合が十分であること．
2 満足な指向特性が得られること．
3 空中線の利得及び能率がなるべく大であること．
4 空中線電力を許容偏差内に維持できること．

▶▶▶▶ p.32

## 問33

空中線の指向特性を定める事項に該当しないものを無線設備規則の規定に照らし下の番号から選べ．

### 解答

問30 -4  問31 -3  問32 -4

1　主輻射方向及び副輻射方向　　2　垂直面の主輻射の角度の幅
3　水平面の主輻射の角度の幅　　4　給電線よりの輻射

▶▶▶▶ p.32

**解説**　指向特性を定める項目で，選択肢にない項目は次のものである．
　　空中線を設置する位置の近傍にあるものであって電波の伝わる方向を乱すもの

### 問34

受信設備がなるべく適合しなければならない条件として無線設備規則に定められていないものを下の番号から選べ．
1　選択度が適性であること．　　2　感度が十分であること．
3　了解度が十分であること．　　4　整合性が十分であること．

▶▶▶▶ p.33

**解説**　適合しなければならない条件で選択肢にないものは，「内部雑音が小さいこと．」である．

### 問35

次の記述は，人工衛星局の条件について電波法の規定に沿って述べたものである．□内に入れるべき字句の正しい組合せを下の番号から選べ．
①　人工衛星局の無線設備は，遠隔操作により　A　することのできるものでなければならない．
②　人工衛星局は，その　B　を遠隔操作により変更することができるものでなければならない．ただし，総務省令で定める人工衛星局については，この限りでない．

|   | A | B |
|---|---|---|
| 1 | 空中線電力を直ちに変更 | 発射する電波の周波数 |
| 2 | 空中線電力を直ちに変更 | 無線設備の設置場所 |
| 3 | 電波の発射を直ちに停止 | 発射する電波の周波数 |
| 4 | 電波の発射を直ちに停止 | 無線設備の設置場所 |

▶▶▶▶ p.33

### 問36

次の記述は，陸上に開設する2以上の地球局（移動するものであって，停止中にのみ運用を行うものに限る．）のうち，その送信の制御を行う他の一の地球局（以下「制御地球局」という．）と通信系を構成し，かつ，空中線の絶対利得が50デシベル以下の送信空中線を有

### 解答

問33 -2　　問34 -4　　問35 -4

するものの無線設備で，14.0 GHzを超え14.4 GHz以下の周波数の電波を送信し，12.44 GHzを超え12.75 GHz以下の周波数の電波を受信するものの条件について掲げたものである．無線設備規則の規定に照らし誤っているものを下の番号から選べ．

1 送受信機の筐体は，容易に開けることができないこと．
2 変調方式は，振幅変調又はパルス変調であること．
3 送信装置の発振回路に故障が生じた場合において，自動的に電波の発射を停止する機能を有すること．
4 人工衛星局の中継により制御地球局が送信する制御信号を受信した場合に限り，送信を開始できる機能を有すること．

**解説** 誤っている選択肢は次のようになる．
　　変調方式は，周波数変調又は位相変調であること．

**解答**
**問36** -2

# 4 無線従事者

## 4.1 無線従事者に関する用語の定義（施行令3条）

次の各号に掲げる用語の意義は，当該各号に定めるところによる．

① **航空局** 航空機局と通信を行うために陸上又は船舶に開設する無線局
② **移動局** 移動する無線局
③ **無線航行局** 電波を利用して，航行中の船舶若しくは航空機の位置若しくは方向を決定し，又は船舶若しくは航空機の航行の障害物を探知するために開設する無線局
④ **放送局** 公衆によって直接受信されることを目的とする無線通信の送信を行う無線局（電気通信業務を行うことを目的とするものを除く.）をいう（⑤及び⑥において同じ.）．
⑤ **テレビジョン放送局** 静止し，又は移動する事物の瞬間的影像及びこれに伴う音声その他の音響を送る放送局（文字，図形その他の影像又は信号を併せ送るものを含む.）．
⑥ **陸上の無線局** 海岸局，海岸地球局，船舶局，船舶地球局，航空局，航空地球局，航空機局，航空機地球局，無線航行局及び放送局以外の無線局
⑦ **レーダー** ある特定の位置から反射され，又は再発射される無線信号と基準となる無線信号との比較を基礎として，位置を決定し，又は位置との関連における情報を取得するための無線設備
⑧ **多重無線設備** 多重通信を行うための無線設備
⑨ **テレビジョン** 電波を利用して，静止し，又は移動する事物の瞬間的影像を送り，又は受けるための通信設備

## 4.2 無線設備の操作（法39条）

1 電波法第40条の定めるところにより無線設備の操作を行うことができる無線従事者以外の者は，無線局（アマチュア無線局を除く．以下この条において同じ．）の無線設備の操作の**監督**を行う者（以下「**主任無線従事者**」という．）として選任された者であって4の

規定によりその選任の届出がされたものにより監督を受けなければ，無線局の無線設備の操作（簡易な操作であって総務省令で定めるものを除く．）を行ってはならない．ただし，船舶又は航空機が航行中であるため無線従事者を補充することができないとき，その他総務省令で定める場合は，この限りでない．

2　モールス符号を送り，又は受ける無線電信の操作その他総務省令で定める無線設備の操作は，1の本文の規定にかかわらず，電波法第40条の定めるところにより，無線従事者でなければ行ってはならない．

3　主任無線従事者は，電波法第40条の定めるところにより無線設備の操作の監督を行うことができる無線従事者であって，総務省令で定める事由に該当しないものでなければならない．

4　無線局の免許人等（免許人又は登録人）は，主任無線従事者を選任したときは，遅滞なく，その旨を総務大臣に届け出なければならない．これを解任したときも，同様とする．

5　4の規定によりその選任の届出がされた主任無線従事者は，無線設備の操作の監督に関し総務省令で定める職務を誠実に行わなければならない．

6　4の規定によりその選任の届出がされた主任無線従事者の監督の下に無線設備の操作に従事する者は，当該主任無線従事者が5の職務を行うため必要であると認めてする指示に従わなければならない．

7　無線局（総務省令で定めるものを除く．）の免許人等は，4の規定によりその選任の届出をした主任無線従事者に，総務省令で定める期間ごとに，無線設備の操作の監督に関し総務大臣の行う講習を受けさせなければならない．

## 4.3　主任無線従事者

主任無線従事者は主任無線従事者の資格の範囲内において，無資格者に対し無線設備の操作を監督して行わせることができる．監督の職務には，その場にいること（臨場性），随時適当な指示が出せること（指示可能性），長期的に監督を行うことができること（継続性）が要求される．

### 1　主任無線従事者の非適格事由（施34条の3）

主任無線従事者に適格しない事由は，次のとおりとする．

① 電波法第42条第一号に該当する者［電波法令に違反して罰金以上の刑に処せられ，その執行を終わり，又はその執行を受けることがなくなった日から2年を経過しない者］であること．

② 電波法第79条第1項第一号（同条第2項において準用する場合を含む．）の規定により

業務に従事することを停止され，その処分の期間が終了した日から**3か月**を経過していない者であること．
③ 主任無線従事者として選任される日以前**5年間**において無線局（無線従事者の選任を要する無線局でアマチュア局以外のものに限る．）の無線設備の操作又はその監督の業務に従事した期間が**3か月**に満たない者であること．

### 2 主任無線従事者の職務（施34条の5）

主任無線従事者の職務は，次のとおりとする．
① 主任無線従事者の監督を受けて無線設備の操作を行う者に対する**訓練**（実習を含む．）の計画を立案し，実施すること．
② 無線設備の機器の**点検**若しくは**保守**を行い，又はその監督を行うこと．
③ 無線業務日誌その他の**書類**を**作成**し，又はその作成を監督すること（記載された事項に関し必要な措置を執ることを含む．）．
④ 主任無線従事者の職務を遂行するために必要な事項に関し**免許人等**に対して意見を述べること．
⑤ その他無線局の無線設備の操作の監督に関し必要と認められる事項

### 3 主任無線従事者の講習（施34条の7）

1 無線局（総務省令で定める無線局を除く．）の免許人等は，主任無線従事者を選任したときは，当該主任無線従事者に選任の日から**6か月**以内に無線設備の操作の監督に関し総務大臣の行う講習を受けさせなければならない．
2 免許人等は，1の講習を受けた主任無線従事者にその講習を受けた日から**3年**以内に講習を受けさせなければならない．当該講習を受けた日以降についても同様とする．
3 1及び2の規定にかかわらず，船舶が航行中であるとき，その他総務大臣が当該規定によることが困難又は著しく不合理であると認めるときは，総務大臣が別に告示するところによる．

## 4.4 無線従事者の資格（法40条，施行令2条）

無線従事者の資格は，次に掲げる区分に応じ，それぞれに掲げる資格とする．
① 総合
　第一級総合無線通信士
　第二級総合無線通信士
　第三級総合無線通信士

② 海上
　第一級海上無線通信士　　　　第一級海上特殊無線技士
　第二級海上無線通信士　　　　第二級海上特殊無線技士
　第三級海上無線通信士　　　　第三級海上特殊無線技士
　第四級海上無線通信士　　　　レーダー級海上特殊無線技士
③ 航空
　航空無線通信士　　　　　　　航空特殊無線技士
④ 陸上
　第一級陸上無線技術士　　　　第一級陸上特殊無線技士
　第二級陸上無線技術士　　　　第二級陸上特殊無線技士
　　　　　　　　　　　　　　　第三級陸上特殊無線技士
　　　　　　　　　　　　　　　国内電信級陸上特殊無線技士
⑤ アマチュア
　第一級アマチュア無線技士
　第二級アマチュア無線技士
　第三級アマチュア無線技士
　第四級アマチュア無線技士

## 4.5　無線設備の操作及び監督の範囲（施行令3条）

　次に掲げる資格の無線従事者は，それぞれに掲げる無線設備の操作（アマチュア無線局の無線設備の操作を除く．）を行い，並びに当該操作のうちモールス符号を送り，又は受ける無線電信の通信操作（「モールス符号による通信操作」という．）及び電波法第39条第2項の総務省令で定める無線設備の操作以外の操作の監督を行うことができる．

**(1) 第一級陸上特殊無線技士**
① 陸上の無線局の空中線電力**500ワット以下**の**多重無線設備**（多重通信を行うことができる無線設備でテレビジョンとして使用するものを含む．）で**30メガヘルツ以上**の周波数の電波を使用するものの技術操作
② ①に掲げる操作以外の操作で**第二級陸上特殊無線技士**の操作の範囲に属するもの

**(2) 第二級陸上特殊無線士**
① 次に掲げる無線設備の外部の転換装置で電波の質に影響を及ぼさないものの技術操作
　イ　陸上の無線局の空中線電力10ワット以下の無線設備（多重無線設備を除く．）で1,606.5キロヘルツから4,000キロヘルツまでの周波数の電波を使用するもの
　ロ　陸上の無線局のレーダーでイに掲げるもの以外のもの

ハ 陸上の無線局で人工衛星局の中継により無線通信を行うものの空中線電力50ワット以下の多重無線設備

② 第三級陸上特殊無線技士の操作の範囲に属する操作

## (3) 第三級陸上特殊無線技士

陸上の無線局の無線設備（レーダー及び人工衛星局の中継により無線通信を行う無線局の多重無線設備を除く．）で次に掲げるものの外部の転換装置で電波の質に影響を及ぼさないものの技術操作

① 空中線電力50ワット以下の無線設備で25,010キロヘルツから960メガヘルツまでの周波数の電波を使用するもの

② 空中線電力100ワット以下の無線設備で1,215メガヘルツ以上の周波数の電波を使用するもの

> 陸上の無線局とは，海岸局，海岸地球局，船舶局，船舶地球局，航空局，航空地球局，航空機局，航空機地球局，無線航行局及び放送局以外の無線局をいう．

## 4.6 無線従事者の免許

### 1 免許の取得（法41条）

1 無線従事者になろうとする者は，総務大臣の免許を受けなければならない．

2 無線従事者の免許は，次のいずれかに該当する者でなければ，受けることができない．

① 資格別に行う無線従事者国家試験に合格した者

② 総務省令で定める資格の無線従事者の養成課程で，総務大臣が総務省令で定める基準に適合することの認定をしたものを修了した者

③ 総務省令で定める資格ごとに，次の学校教育法に基く学校の区分に応じ，総務省令で定める無線通信に関する科目を修めて卒業した者

(ア) 大学（短期大学を除く．）

(イ) 短期大学又は高等専門学校

(ウ) 高等学校又は中等教育学校

④ 資格ごとに①から③の者と同等以上の知識及び技能を有する者として総務省令で定める資格及び業務経歴その他の要件を備える者

無線従事者の養成課程により取得することができる資格は，第三級及び第四級海上無線通信士，航空無線通信士，特殊無線技士，第三級及び第四級アマチュア無線技士である．

学校の科目履修により取得することができる資格は，③の(ア)の学校では，第二級及び第三級海上特殊無線技士，第一級陸上特殊無線技士，(イ)の学校では，第二級及び第三級海上特殊無線技士，第二級陸上特殊無線技士，(ウ)の学校では，第三級海上特殊無線技士，第二級陸上特殊無線技士である．

## 2 免許の申請（従46条）

　免許を受けようとする者は，別表の様式（**様式4.1**）の申請書に次の書類を添えて，総務大臣に提出しなければならない．

① 氏名及び生年月日を証する書類（申請書に住民票コードを記入したときは添付を要しない．）

② 医師の診断書（免許の欠格事由に該当する者が免許を受けようとする場合であって，総務大臣又は総合通信局長が必要と認めるときに限る．）

③ 写真1枚

④ 養成課程の修了証明書等（養成課程を修了した者に限る．）

⑤ 科目履修証明書，履修内容証明書及び卒業証明書（学校を卒業した者が免許を受けようとする場合に限る．）

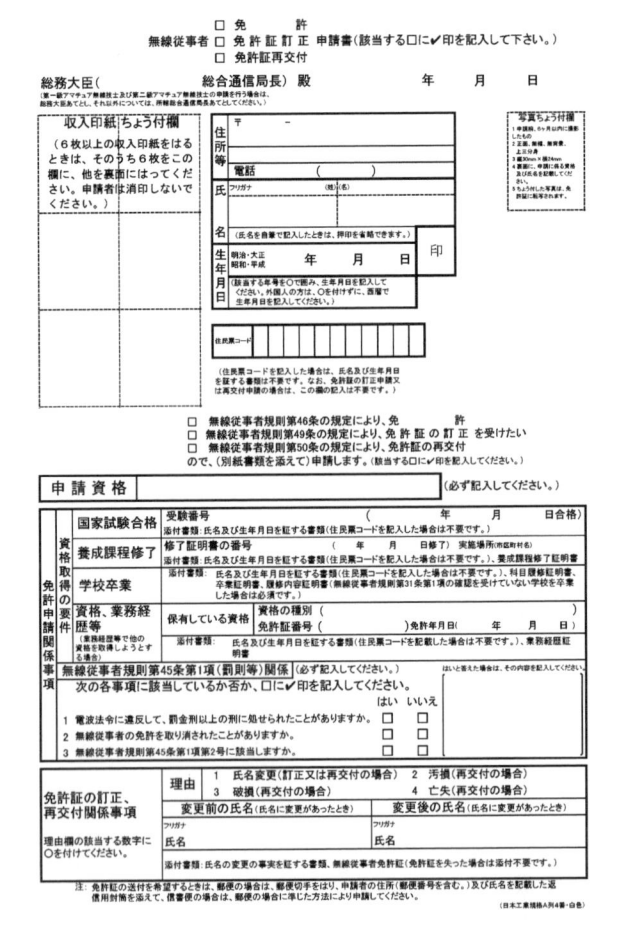

様式4.1　無線従事者免許・免許証訂正・免許証再交付申請書

## 3 欠格事由（法42条）

総務大臣は，次の各号のいずれかに該当する者に対しては，無線従事者の免許を与えないことができる．

① 電波法第9章に規定する罪を犯し罰金以上の刑に処せられ，その執行を終わり，又はその執行を受けることがなくなった日から**2年**を経過しない者
② 無線従事者の**免許**を取り消され，取消しの日から**2年**を経過しない者
③ 著しく心身に欠陥があって無線従事者たるに適しない者

## 4.7 無線従事者免許証

### 1 免許証の交付（従47条）

総務大臣又は総合通信局長は，免許を与えたときは，別表の様式（**様式4.2**）の免許証を交付する．

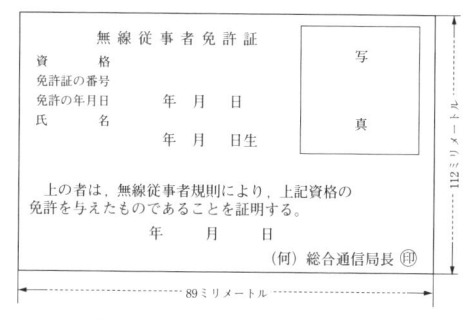

**様式4.2　無線従事者免許証**

### 2 免許証の携帯（施38条）

無線従事者は，その業務に従事しているときは，免許証を携帯していなければならない．

### 3 免許証の訂正（従49条）

無線従事者は，**氏名**に変更を生じたときは，別表の様式（**様式4.1**）の申請書に免許証及び写真1枚並びに氏名の変更の事実を証する書類を添えて総務大臣又は総合通信局長に提出し，免許証の訂正を受けなければならない．

### 4 免許証の再交付（従50条）

無線従事者は，免許証を汚し，破り，又は失ったために免許証の再交付を受けようとするときは，別表の様式（**様式4.1**）の申請書に次の書類を添えて総務大臣又は総合通信局長に提出しなければならない．

① 免許証（免許証を失った場合を除く．）　　② 写真1枚

## 5 免許証の返納（従51条）

1. 無線従事者は，**免許の取消し**の処分を受けたときは，その処分を受けた日から**10日**以内にその免許証を総務大臣又は総合通信局長に返納しなければならない．免許証の再交付を受けた後失った免許証を発見したときも同様とする．
2. 無線従事者が**死亡**し，又は**失そうの宣告**を受けたときは，戸籍法による死亡又は失そう宣告の届出義務者は，**遅滞なく**，その免許証を総務大臣又は総合通信局長に返納しなければならない．

> 免許証の提出期間は，日数（10日以内）又は「遅滞なく」によって定められている．「遅滞なく」は，通常の書類の提出期間においての即時性が要求される．

無線従事者の免許は有効期間が定められていない終身免許なので，返納しなければならないのは，1，2の場合である．

失そう宣告とは，事故等で行方がわからなくなってしまった人について，家族等が裁判所に請求して，その人が死んだものとみなしてもらう宣告を受けることである．また，届出義務者は，家族や身近にいる人等のことである（戸籍法第87条）．

## 基本問題練習

### 問1

次に掲げる用語の意義のうち，電波法施行令の規定に該当しないものを下の番号から選べ．

1. 「テレビジョン」とは，電波を利用して，静止し，又は移動する事物の瞬間的影像を送り，又は受けるための通信設備をいう．
2. 「多重無線設備」とは，多重通信を行うための無線設備をいう．
3. 「レーダー」とは，ある特定の位置から反射され，又は再発射される無線信号と基準となる無線信号との比較を基礎として，位置を決定し，又は位置との関連における情報を取得するための無線設備をいう．
4. 「陸上の無線局」とは，海岸局，海岸地球局，航空局，航空地球局，無線航行局及び放送局をいう．

▶▶▶▶ p.49

**解説** 誤っている選択肢は次のようになる．

「陸上の無線局」とは，海岸局，海岸地球局，船舶局，船舶地球局，航空局，航空地球局，航空機局，航空機地球局，無線航行局及び放送局以外の無線局をいう．

### 問2

次の記述は，無線設備の操作について，電波法の規定に沿って述べたものである． ☐ 内に入れるべき字句の正しい組合せを下の番号から選べ．ただし， ☐ 内の同じ記号は，同じ字句を示す．

電波法の定めるところにより無線設備の操作を行うことができる無線従事者以外の者は，無線局（アマチュア無線局を除く．以下同じ．）の無線設備の操作の A を行う者（「主任無線従事者」という．）として選任された者であって電波法の規定によりその選任の B がされたものにより A を受けなければ，無線局の無線設備の操作（簡易な操作であって総務省令で定めるものを除く．）を行ってはならない．ただし，船舶又は航空機が航行中であるため無線従事者を補充することができないとき，その他総務省令で定める場合は，この限りでない．

|   | A | B |   | A | B |
|---|---|---|---|---|---|
| 1 | 指示 | 連絡 | 2 | 指揮 | 登録 |
| 3 | 管理 | 確認 | 4 | 監督 | 届出 |

▶▶▶▶ p.49

### 問3

次に掲げる者のうち，主任無線従事者はどれか，電波法の規定により正しいものを下の番号から選べ．

1. 無線従事者であって，無線局（アマチュア無線局を除く．）の無線設備の操作の監督を行う者をいう．
2. 無線従事者であって，無線局の無線設備の管理を行う者をいう．
3. 同一免許人に属する無線局の無線設備の操作を行う者のうち，その責任者をいう．
4. 2人以上選任された無線従事者がいるとき，その責任者となる無線従事者をいう．

▶▶▶▶ p.49

### 問4

主任無線従事者の非適格事由について，電波法施行規則に規定する事項に該当しないものを下の番号から選べ．

1. 電波法令に違反して罰金以上の刑に処せられ，その執行を終わり，又はその執行を受けることがなくなった日から2年を経過しない者

### 解答

問1 -4  問2 -4  問3 -1

2　電波法令に違反して，その業務に従事することを停止され，その処分の期限が終了した日から3か月を経過しない者
3　主任無線従事者として選任される以前5年間において無線局（無線従事者の選任を要する無線局でアマチュア局以外のものに限る．）の無線設備の操作又はその監督の業務に従事した期間が3か月に満たない者
4　主任無線従事者として選任される以前3年間において無線局（無線従事者の選任を要する無線局でアマチュア局以外のものに限る．）の無線設備の操作又はその監督の業務に従事した期間が6か月に満たない者

▶▶▶▶ p.50

## 問5

次の記述は，主任無線従事者の非適格事由について，電波法及び電波法施行規則に沿って述べたものである．☐内に入れるべき字句の正しい組合せを下の番号から選べ．

① 主任無線従事者は，電波法第40条（無線従事者の資格）の定めるところにより，無線設備の操作の監督を行うことができる無線従事者であって，総務省令で定める事由に該当しないものでなければならない．

② ①の総務省令で定める事由は，次のとおりとする．
　(1) 電波法第9章（罰則）の罪を犯し罰金以上の刑に処せられ，その執行を終わり，又はその執行を受けることがなくなった日から2年を経過しない者に該当する者であること．
　(2) 電波法第79条（無線従事者の免許の取消し等）第1項第一号の規定により　A　され，その処分の期間が終了した日から3か月を経過していない者であること．
　(3) 主任無線従事者として選任される日以前5年間において無線局（無線従事者の選任を要する無線局でアマチュア局以外のものに限る．）の無線設備の操作又はその監督の業務に従事した期間が　B　に満たない者であること．

|   | A | B |   | A | B |
|---|---|---|---|---|---|
| 1 | 業務に従事することを停止 | 3か月 | 2 | 業務に従事することを停止 | 2か月 |
| 3 | 業務に従事することを制限 | 3か月 | 4 | 業務に従事することを制限 | 2か月 |

▶▶▶▶ p.50

## 問6

次に掲げるもののうち，主任無線従事者の職務に該当しない事項を，電波法施行規則の規定に照らし下の番号から選べ．

### 解答

問4 -4　　問5 -1

1 無線従事者を選任し,又は解任すること及びその旨を総務大臣に届け出ること.
2 主任無線従事者の職務を遂行するために必要な事項に関し免許人又は登録人に対して意見を述べること.
3 主任無線従事者の監督を受けて無線設備の操作を行う者に対する訓練(実習を含む.)の計画を立案し,実施すること.
4 無線業務日誌その他の書類を作成し,又はその作成を監督すること(記載された事項に関し必要な措置を執ることを含む.).

▶▶▶▶ p.51

解説 無線従事者を選任し,又は解任すること及びその旨を総務大臣に届け出ることは,無線局の免許人又は登録人が行う.

### 問7

次に掲げるもののうち,主任無線従事者の職務ではないものを,電波法施行規則の規定に照らし下の番号から選べ.
1 周波数,空中線電力等の指定の変更又は無線設備の変更の工事,通信事項の変更等の許可の申請を行うこと.
2 無線設備の機器の点検若しくは保守を行い,又はその監督を行うこと.
3 無線業務日誌その他の書類を作成し,又はその作成を監督すること(記載された事項に関し必要な措置を執ることを含む.).
4 主任無線従事者の職務を遂行するために必要な事項に関し免許人等に対して意見を述べること.

▶▶▶▶ p.51

### 問8

次の記述は,主任無線従事者の講習について電波法及び電波法施行規則の規定に沿って述べたものである. 内に入れるべき字句の正しい組合せを下の番号から選べ.
① 無線局(総務省令で定める無線局を除く.)の免許人又は登録人は,電波法の規定により主任無線従事者を選任したときは,当該主任無線従事者に選任の日から A に無線設備の操作の監督に関し総務大臣の行う講習を受けさせなければならない.
② 免許人又は登録人は,①の講習を受けた主任無線従事者にその講習を受けた日から B に講習を受けさせなければならない.当該講習を受けた日以降についても同様とする.

### 解答

問6 -1   問7 -1

③ ①及び②の規定にかかわらず，船舶が航行中であるとき，その他総務大臣が当該規定によることが困難又は著しく不合理であると認めるときは，総務大臣が別に告示するところによる．

|   | A | B |   | A | B |
|---|---|---|---|---|---|
| 1 | 6か月以内 | 3年以内 | 2 | 6か月以内 | 2年以内 |
| 3 | 3か月以内 | 3年以内 | 4 | 3か月以内 | 2年以内 |

▶▶▶▶ p.51

### 問9

次の記述は，第一級陸上特殊無線技士の資格の操作範囲について，電波法施行令の規定に沿って述べたものである．□内に入れるべき字句の正しい組合せを下の番号から選べ．

① 陸上の無線局（アマチュア無線局を除く．）の空中線電力 A 以下の多重無線設備（多重通信を行うことができる無線設備でテレビジョンとして使用するものを含む．）で B 以上の周波数の電波を使用するものの技術操作

② ①に掲げる操作以外の操作で C の操作の範囲に属するもの

|   | A | B | C |
|---|---|---|---|
| 1 | 500ワット | 30メガヘルツ | 第二級陸上特殊無線技士 |
| 2 | 50ワット | 30メガヘルツ | 第四級アマチュア無線技士 |
| 3 | 500ワット | 400メガヘルツ | 第四級アマチュア無線技士 |
| 4 | 50ワット | 400メガヘルツ | 第二級陸上特殊無線技士 |

▶▶▶▶ p.52

### 問10

第一級陸上特殊無線技士の資格を有する者が行うことができる無線設備の操作について，電波法施行令の規定により正しいものを下の番号から選べ．

1 無線航行局のレーダーの技術操作
2 テレビジョン放送局の空中線電力500ワットの技術操作
3 海岸局の空中線電力100ワットの無線電話の技術操作
4 固定局の空中線電力10ワットの多重無線設備で400MHz帯の周波数の電波を使用するものの技術操作

▶▶▶▶ p.52

### 解答

問8 -1　　問9 -1　　問10 -4

### 問11

第一級陸上特殊無線技士の資格を有する者が行うことができる無線設備の操作について，電波法施行令の規定により正しいものを下の番号から選べ．

1 航空局の空中線電力500ワット以下の無線設備の技術操作
2 海岸局の空中線電力500ワット以下の無線設備の技術操作
3 放送局の空中線電力50ワット以下の無線設備の技術操作
4 固定局の空中線電力500ワット以下の多重無線設備（多重通信を行うことができる無線設備でテレビジョンとして使用するものを含む．）で30メガヘルツ以上の周波数の電波を使用するものの技術操作

▶▶▶ p.52

**解説** 第一級陸上特殊無線技士の資格を有する者が行うことができる無線設備の操作は，陸上の無線局の無線設備である．

陸上の無線局とは，海岸局，海岸地球局，船舶局，船舶地球局，航空局，航空地球局，航空機局，航空機地球局，無線航行局及び放送局以外の無線局をいう．

### 問12

次に掲げる者のうち，無線従事者の免許が与えられないことがある者はどれか，電波法の規定により正しいものを下の番号から選べ．

1 刑法に規定する罪を犯し罰金以上の刑に処せられ，その執行を終わり，又はその執行を受けることがなくなった日から2年を経過しない者
2 電波法の規定に違反し，3か月以内の期間を定めてその業務に従事することを停止され，期間の満了の日から2年を経過しない者
3 無線従事者の免許を取り消され，取消しの日から2年を経過しない者
4 日本の国籍を有しない者

▶▶▶ p.54

### 問13

次の記述は，無線従事者の免許を与えないことができる場合について，電波法の規定に沿って述べたものである．  内に入れるべき字句の正しい組合せを下の番号から選べ．ただし， 内の同じ記号は，同じ字句を示す．

次のいずれかに該当する者に対しては，無線従事者の免許を与えないことができる．

① 電波法に規定する罪を犯し罰金以上の刑に処せられ，その執行を終わり，又はその執行を受けることがなくなった日から  A  を経過しない者

**解答**

問11 −4　　問12 −3

② 無線従事者の B を取り消され，取消しの日から A を経過しない者

|   | A | B |   | A | B |
|---|---|---|---|---|---|
| 1 | 2年 | 認可 | 2 | 2年 | 免許 |
| 3 | 3年 | 資格 | 4 | 3年 | 登録 |

▶▶▶▶ p.54

### 問14

無線従事者がその免許証の訂正を受けなければならないのはどのような場合か，次のうちから選べ．
1　上級の資格の免許を受けるとき．
2　本籍の都道府県を変更したとき．
3　氏名に変更を生じたとき．
4　住所を変更したとき．

▶▶▶▶ p.55

### 問15

無線従事者が免許の取消しの処分を受けたときは，免許証をどのようにしなければならないか，正しいものを次のうちから選べ．
1　処分を受けた日から30日以内に返す．
2　処分を受けた日から10日以内に返す．
3　処分を受けた日から7日以内に返す．
4　自分で破棄する．

▶▶▶▶ p.56

**解答**

問13 -2　　問14 -3　　問15 -2

# 5 無線局の運用

## 5.1 目的外使用の禁止等（法52条，施37条）

1 無線局は，**免許状**に記載された**目的**又は**通信の相手方**若しくは通信事項（放送をする無線局（電気通信業務を行うことを目的とするものを除く.）については放送事項）の範囲を超えて運用してはならない．ただし，次に掲げる通信については，この限りでない．
  ① 遭難通信（船舶又は航空機が重大かつ急迫の危険に陥った場合に遭難信号を前置する方法その他総務省令で定める方法により行う無線通信をいう.）
  ② 緊急通信（船舶又は航空機が重大かつ急迫の危険に陥るおそれがある場合その他緊急の事態が発生した場合に緊急信号を前置する方法その他総務省令で定める方法により行う無線通信をいう.）
  ③ 安全通信（船舶又は航空機の航行に対する重大な危険を予防するために安全信号を前置する方法その他総務省令で定める方法により行う無線通信をいう.）
  ④ 非常通信（地震，台風，洪水，津波，雪害，火災，暴動その他非常の事態が**発生し，又は発生するおそれがある場合**において，有線通信を利用することができないか又はこれを利用することが著しく困難であるときに**人命の救助，災害の救援，交通通信の確保**又は**秩序の維持**のために行われる無線通信をいう.）
  ⑤ 放送の受信
  ⑥ その他総務省令で定める通信
2 次に掲げる通信［抜粋］は，1-⑥の通信とする．
  ① **無線機器の試験又は調整**をするために行う通信
  ② **電波の規正**に関する通信
  ③ 電波法第74条第1項［**非常の場合の無線通信**］に規定する通信の**訓練**のために行う通信
  ④ 治安維持の業務をつかさどる行政機関の無線局相互間で行う治安維持に関し急を要する通信であって，総務大臣が別に告示するもの
  ⑤ 人命の救助又は人の生命，身体若しくは財産に重大な危害を及ぼす犯罪の捜査若しくはこれらの犯罪の現行犯人若しくは被疑者の逮捕に関し急を要する通信（他の電気通信系統によっては，当該通信の目的を達することが困難である場合に限る.）

## 5.2 免許状記載事項の遵守

**（1）無線設備の設置場所等（法53条）**

無線局を運用する場合においては，無線設備の**設置場所**，**識別信号**，**電波の型式**及び**周波数**は，**免許状**等（免許状又は登録状）に記載されたところによらなければならない．ただし，**遭難通信**については，この限りでない．

**（2）空中線電力（法54条）**

無線局を運用する場合においては，**空中線電力**は，次の各号の定めるところによらなければならない．ただし，**遭難通信**については，この限りでない．

① **免許状**等に**記載**されたものの**範囲内**であること．
② 通信を行うため**必要最小**のものであること．

**（3）運用許容時間（法55条）**

無線局は，**免許状**に記載された**運用許容時間内**でなければ，運用してはならない．ただし，5.1節の電波法第52条各号［目的外通信］に掲げる通信を行う場合及び総務省令で定める場合は，この限りでない．

## 5.3 混信等の防止

### 1 用語の定義（施2条）

混信　他の無線局の正常な業務の運行を**妨害**する電波の発射，輻射又は**誘導**

### 2 混信等の防止（法56条）

1　無線局は，**他の無線局**又は電波天文業務（宇宙から発する電波の受信を基礎とする天文学のための当該電波の受信の業務をいう．）の用に供する受信設備その他の総務省令で定める受信設備（無線局のものを除く．）で総務大臣が指定するものにその**運用**を**阻害**するような**混信**その他の**妨害**を与えないように運用しなければならない．ただし，遭難通信，緊急通信，安全通信及び**非常通信**については，この限りでない．

2　1に規定する指定は，当該指定に係る受信設備を設置している者の申請により行う．

3　総務大臣は，1に規定する指定をしたときは，当該指定に係る受信設備について，総務省令で定める事項を公示しなければならない．

4　2，3に規定するもののほか，指定の申請の手続，指定の基準，指定の取消しその他の1に規定する指定に関し必要な事項は，総務省令で定める．

## 5.4 実験等無線局等の運用

### 1 擬似空中線回路の使用（法57条）

無線局は，次に掲げる場合には，なるべく擬似空中線回路を使用しなければならない．
① 無線設備の機器の**試験**又は**調整**を行うために運用するとき．
② **実験等無線局**を運用するとき．

「擬似空中線回路」とは，アンテナの代わりに送信機の出力に接続する無誘導抵抗回路で，送信電力を熱として消費させるものである．

### 2 実験等無線局等の通信（法58条）

実験等無線局及びアマチュア無線局の行う通信には，**暗語**を使用してはならない．

## 5.5 秘密の保護（法59条）

何人も法律に**別段の定め**がある場合を除くほか，**特定の相手方**に対して行われる無線通信（電気通信事業法第4条第1項又は第90条第2項［電気通信事業者の取り扱いに係る通信の秘密］の通信たるものを除く．第109条［罰則の規定］において同じ．）を傍受してその**存在若しくは内容**を漏らし，又はこれを**窃用**してはならない．

「傍受」とは，聞こうという意思をもって（たとえば，ダイアルを合わせて）受信することである．存在若しくは内容を漏らすことには，メモをとって他人が見ることができるようにしたり，他人に通信を聞かせたりすることも含まれる．「窃用」とは，通信の秘密を発信者又は受信者の意思に反して利用することである．

## 5.6 無線局の運用の限界（施5条の2）

免許人等の**事業又は業務の遂行上必要な事項**についてその免許人等以外の者が行う無線局の運用であって，総務大臣が告示するものの場合は，当該免許人等がする無線局の運用とする．

平成7年郵政省告示第183号によって，適切な管理が行われること．免許人と運用者との間において，その無線局を開設する目的に係る免許人の事業又は業務を運用者が行うことについて契約関係があること等が規定されている．

## 5.7 無線通信の原則（運10条）

1 **必要のない**無線通信は，これを行ってはならない．
2 無線通信に使用する**用語**は，できる限り**簡潔**でなければならない．
3 無線通信を行うときは，自局の**識別信号**を付して，その出所を明らかにしなければならない．
4 無線通信は，正確に行うものとし，通信上の**誤り**を知ったときは，**直ちに訂正**しなければならない．

> 「識別信号」とは，呼出符号（標識符号を含む．），呼出名称その他の総務省令で定める識別信号をいう．

## 5.8 送信速度等（運16条）

1 無線電話通信における通報の送信は，**語辞を区切り**，かつ，**明りょうに発音**して行わなければならない．
2 遭難通信，緊急通信又は安全通信に係る1の送信速度は，受信者が筆記できる程度のものでなければならない．

## 5.9 発射前の措置（運19条の2）

1 無線局は，相手局を呼び出そうとするときは，電波を発射する前に，**受信機を最良の感度**に調整し，自局の**発射しようとする電波の周波数**その他**必要と認める周波数**によって**聴守**し，他の通信に混信を与えないことを確かめなければならない．ただし，遭難通信，緊急通信，安全通信及び電波法第74条第1項に規定する通信［**非常の場合の無線通信**］を行う場合並びに海上移動業務以外の業務において他の通信に混信を与えないことが確実である電波により通信を行う場合は，この限りでない．
2 1の場合において，他の通信に混信を与えるおそれがあるときは，その通信が終了した後でなければ呼出しをしてはならない．

> 「聴守」は，法令によって受信が義務づけられている場合に用いられる．受信設備を機能する状態にして，そこに入ってくる通信の内容を即座に認識することができるような状態のことである．

## 5.10 呼出し応答の方法

### 1 呼出し（運20条）
呼出しは，順次送信する次に掲げる事項（「呼出事項」という．）によって行うものとする．
① 相手局の呼出名称　　3回以下
② こちらは　　　　　　1回
③ 自局の呼出名称　　　3回以下

### 2 呼出しの中止（運22条）
1　無線局は，自局の呼出しが他の既に行われている通信に混信を与える旨の通知を受けたときは，直ちにその呼出しを**中止**しなければならない．無線設備の機器の**試験**又は**調整**のための電波の発射についても同様とする．
2　1の通知をする無線局は，その通知をするに際し，分で表す概略の待つべき時間を示すものとする．

### 3 応答（運23条）
1　無線局は，自局に対する呼出しを受信したときは，直ちに応答しなければならない．
2　1の規定による応答は，順次送信する次に掲げる事項（「応答事項」という．）によって行うものとする．
① 相手局の呼出名称　　3回以下
② こちらは　　　　　　1回
③ 自局の呼出名称　　　1回
3　2の応答に際して直ちに通報を受信しようとするときは，応答事項の次に「どうぞ」を送信するものとする．ただし，直ちに通報を受信することができない事由があるときは，「どうぞ」の代りに「…分間お待ちください．」及び分で表わす概略の待つべき時間を送信するものとする．概略の待つべき時間が10分以上のときは，その理由を簡単に送信しなければならない．

### 4 呼出し又は応答の簡易化（運126条の2）
1　空中線電力50ワット以下の無線設備を使用して呼出し又は応答を行う場合において，確実に連絡の設定ができると認められるときは，呼出事項のうち，「**こちらは　1回**」及び「**自局の呼出名称　3回以下**」又は応答事項のうち「**相手局の呼出名称　3回以下**」の送信を省略することができる．
2　1の規定により「**こちらは　1回**」及び「**自局の呼出名称　3回以下**」の送信を省略した無線局は，その通信中**少なくとも1回以上自局の呼出名称**を送信しなければならない．

## 5 試験電波の発射（運39条，運22条）

1 　無線局は，無線機器の試験又は調整のため電波の発射を必要とするときは，発射する前に自局の発射しようとする電波の周波数及びその他必要と認める周波数によって聴守し，他の無線局の通信に混信を与えないことを確かめた後，次の符号を順次送信し，更に1分間聴守を行い，他の無線局から停止の請求がない場合に限り，「本日は晴天なり」の連続及び自局の呼出名称1回を送信しなければならない．この場合において，「本日は晴天なり」の連続及び自局の呼出名称の送信は，10秒間を超えてはならない．

① 　ただいま試験中　　　3回
② 　こちらは　　　　　　1回
③ 　自局の呼出名称　　　3回

2 　1の試験又は調整中は，しばしばその電波の周波数により聴守を行い，他の無線局から**停止の要求**がないかどうかを確かめなければならない．

3 　1の後段の規定にかかわらず，海上移動業務以外の業務の無線局にあっては，必要があるときは，10秒間を超えて「本日は晴天なり」の連続及び自局の呼出名称の送信をすることができる．

4 　無線局は，自局の呼出しが他の既に行われている通信に混信を与える旨の通知を受けたときは，直ちにその呼出しを**中止**しなければならない．無線設備の機器の**試験**又は**調整**のための電波の発射についても同様とする．

5 　4の通知をする無線局は，その通知をするに際し，分で表す概略の待つべき時間を示すものとする．

## 基本問題練習

### 問 1

次の記述は，非常通信について電波法の規定に沿って述べたものである．　　内に入れるべき字句の正しい組合せを下の番号から選べ．

非常通信とは，地震，台風，洪水，津波，雪害，火災，暴動その他非常の事態が　A　場合において，有線通信を利用することができないか又はこれを利用することが著しく困難であるときに人命の救助，　B　，交通通信の確保又は　C　のために行われる無線通信をいう．

| | A | B | C |
|---|---|---|---|
| 1 | 発生し，又は発生するおそれがある | 災害の救援 | 秩序の維持 |
| 2 | 発生し，又は発生するおそれがある | 財貨の保全 | 電力の供給の確保 |

| 3 | 発生した | 災害の救援 | 電力の供給の確保 |
| 4 | 発生した | 電力の供給の確保 | 秩序の維持 |

▶▶▶▶ p.63

### 問 2

次に掲げる通信のうち，固定局がその免許状に記載された目的の範囲を超えて運用することができないものを，電波法施行規則の規定に照らし下の番号から選べ．
1 気象の照会のために行う通信
2 非常の場合の無線通信の訓練のために行う通信
3 無線機器の試験又は調整をするために行う通信
4 電波の規正に関する通信

▶▶▶▶ p.63

### 問 3

次の記述は，無線局の運用に関する電波法の規定について述べたものである．□内に入れるべき字句の正しい組合せを下の番号から選べ．
　無線局を運用する場合においては，| A |，識別信号，| B |は，免許状又は登録状に記載されたところによらなければならない．ただし，遭難通信については，この限りでない．

|   | A | B |
|---|---|---|
| 1 | 無線設備の設置場所 | 周波数及び空中線電力 |
| 2 | 無線設備の設置場所 | 電波の型式及び周波数 |
| 3 | 無線設備 | 電波の型式，周波数及び空中線電力 |
| 4 | 無線設備 | 電波の型式及び周波数 |

▶▶▶▶ p.64

### 問 4

次の記述は，無線局を運用する場合の空中線電力について電波法の規定に沿って述べたものである．□内に入れるべき字句の正しい組合せを下の番号から選べ．
　無線局を運用する場合においては，空中線電力は，次に定めるところによらなければならない．ただし，遭難通信については，この限りでない．
　① 免許状等（免許状及び登録状）に| A |であること．
　② 通信を行うため| B |ものであること．

### 解答

問1 −1　　問2 −1　　問3 −2

5.10　呼出し応答の方法

|   | A | B |
|---|---|---|
| 1 | 記載されたものの範囲内 | 十分な |
| 2 | 記載されたもの | 必要最小の |
| 3 | 記載されたものの範囲内 | 必要最小の |
| 4 | 記載されたもの | 十分な |

▶▶▶▶ p.64

### 問5

次の記述は，無線局の目的外使用の禁止等について，電波法の規定に沿って述べたものである．□内に入れるべき字句の正しい組合せを下の番号から選べ．

① 無線局は，免許状に記載された目的又は通信の相手方若しくは通信事項の範囲を超えて運用してはならない．ただし，次に掲げる通信については，この限りでない．
 (1) 遭難通信  (4) A
 (2) 緊急通信  (5) 放送の受信
 (3) 安全通信  (6) その他総務省令で定める通信

② 無線局を運用する場合においては，無線設備の設置場所， B は，免許状等に記載されたところによらなければならない．ただし，遭難通信については，この限りでない．

③ 無線局を運用する場合においては，空中線電力は，次に定めるところによらなければならない．ただし，遭難通信については，この限りでない．
 (1) 免許状等（免許状及び登録状）に記載された C であること．
 (2) 通信を行うため必要最小のものであること．

④ 無線局は，免許状に記載された D 内でなければ，運用してはならない．ただし，①の (1) から (6) までに掲げる通信を行う場合及び総務省令で定める場合は，この限りでない．

|   | A | B | C | D |
|---|---|---|---|---|
| 1 | 非常通信 | 識別信号，電波の型式及び周波数 | ものの範囲内 | 運用許容時間 |
| 2 | 非常通信 | 識別信号及び電波の質 | もの | 運用許容時間 |
| 3 | 重要無線通信 | 識別信号及び電波の質 | ものの範囲内 | 運用義務時間 |
| 4 | 重要無線通信 | 識別信号，電波の型式及び周波数 | もの | 運用義務時間 |

▶▶▶▶ p.63

### 問6

次の記述は，「混信」の定義に関する電波法施行規則の規定について述べたものである．

**解答**

問4 -3  問5 -1

第5章 無線局の運用

□内に入れるべき字句の正しい組合せを下の番号から選べ．

「混信」とは，他の無線局の正常な業務の運行を A する電波の発射，輻射又は B をいう．

|   | A | B |
|---|---|---|
| 1 | 妨害 | 誘導 |
| 2 | 断続 | 空中線電力の許容偏差の逸脱 |
| 3 | 制限 | 障害 |
| 4 | 中断 | 占有周波数帯幅の許容値の逸脱 |

p.64

### 問7

次の記述は，混信等の防止について，電波法の規定に沿って述べたものである．□内に入れるべき字句の正しい組合せを下の番号から選べ．

無線局は，他の無線局又は電波天文業務（宇宙から発する電波の受信を基礎とする天文学のための当該電波の受信の業務をいう．）の用に供する受信設備その他の総務省令で定める受信設備（無線局のものを除く．）で総務大臣が指定するものに A を与えないように運用しなければならない．ただし，遭難通信，緊急通信，安全通信及び B については，この限りでない．

|   | A | B |
|---|---|---|
| 1 | その機能を阻害するような継続的機能障害 | 重要無線通信 |
| 2 | その機能を阻害するような継続的機能障害 | 非常通信 |
| 3 | その運用を阻害するような混信その他の妨害 | 非常通信 |
| 4 | その運用を阻害するような混信その他の妨害 | 重要無線通信 |

p.64

### 問8

次に掲げるもののうち，無線局がなるべく擬似空中線回路を使用しなければならない場合を，電波法の規定に照らし下の番号から選べ．
1 実用化試験局を運用するとき．
2 工事設計書に記載された空中線を使用できないとき．
3 無線設備の機器の取替え又は増設の際に運用するとき．
4 無線設備の機器の試験又は調整を行うために運用するとき．

p.65

### 解答

問6 -1　問7 -3　問8 -4

### 問9

次の記述は，擬似空中線回路の使用及び実験等無線局等の通信について，電波法の規定に沿って述べたもので☐内に入れるべき字句の正しい組合せを下の番号から選べ．

① 無線局は，次に掲げる場合には，なるべく擬似空中線回路を使用しなければならない．
　(1) ☐A☐を行うために運用するとき．
　(2) ☐B☐を運用するとき．
② 実験等無線局及びアマチュア無線局の行う通信には，暗語を☐C☐．

| | A | B | C |
|---|---|---|---|
| 1 | 至近距離にある無線局と通信 | 実用化試験局 | 使用してはならない |
| 2 | 至近距離にある無線局と通信 | 実験等無線局 | 使用することができる |
| 3 | 無線設備の機器の試験又は調整 | 実用化試験局 | 使用することができる |
| 4 | 無線設備の機器の試験又は調整 | 実験等無線局 | 使用してはならない |

▶▶▶▶ p.65

### 問10

次の記述は，無線通信の秘密の保護について電波法の規定に沿って述べたものである．☐内に入れるべき字句の正しい組合せを下の番号から選べ．

何人も法律に別段の定めがある場合を除くほか，☐A☐の相手方に対して行われる無線通信を傍受してその☐B☐若しくは内容を漏らし，又はこれを☐C☐してはならない．

| | A | B | C |
|---|---|---|---|
| 1 | 不特定 | 存在 | 他人の用に供 |
| 2 | 不特定 | 発信人 | 窃用 |
| 3 | 特定 | 発信人 | 他人の用に供 |
| 4 | 特定 | 存在 | 窃用 |

▶▶▶▶ p.65

### 問11

次の記述は，無線局の運用の限界について電波法施行規則の規定に沿って述べたものである．☐内に入れるべき字句を下の番号から選べ．

免許人等の☐についてその免許人等以外の者が行う無線局の運用であって，総務大臣が告示するものの場合は，当該免許人等がする無線局の運用とする．

1 判断により必要と認める事項

**解答**

問9 −4　　問10 −4

2　事業又は業務の遂行上必要な事項
3　責任上緊急を要すると認める事項
4　管理が及ぶ範囲内の事項

▶▶▶▶ p.65

**解説**　「免許人等」とは，「免許人又は登録人」のことである．

### 問12

一般通信方法における無線通信の原則について，無線局運用規則に規定されているものを下の番号から選べ．
1　無線通信を行う場合においては，略符号以外の用語を使用してはならない．
2　無線通信に使用する用語は，できる限り簡潔でなければならない．
3　無線通信は，長時間継続して行ってはならない．
4　無線通信は，有線通信を利用することができないときにのみ行うものとする．

▶▶▶▶ p.66

### 問13

一般通信方法における無線通信の原則について，無線局運用規則の規定に照らし誤っているものを下の番号から選べ．
1　必要のない無線通信は，これを行ってはならない．
2　無線通信は，正確に行うものとし，通信上の誤りを知ったときは，通報終了後一括して訂正しなければならない．
3　無線通信に使用する用語は，できる限り簡潔でなければならない．
4　無線通信を行うときは，自局の識別信号を付して，その出所を明らかにしなければならない．

▶▶▶▶ p.66

**解説**　誤っている箇所は，次のとおりである．
　　誤「通報終了後一括して訂正」→ 正「直ちに訂正」

### 問14

次の記述は，通報の送信に関する無線局運用規則の規定について述べたものである．□内に入れるべき字句の正しい組合せを下の番号から選べ．
　無線電話通信における通報の送信は　A　，かつ，　B　行わなければならない．

### 解答

問11 -2　　問12 -2　　問13 -2

|   | A | B |
|---|---|---|
| 1 | 語辞を区切り | 明りょうに発音して |
| 2 | 迅速 | 的確に |
| 3 | 語辞を区切り | 1分間50字以内の速度で |
| 4 | 正確に | 明りょうに発音して |

▶▶▶▶ p.66

## 問15

次の記述は，電波の発射前の措置について，無線局運用規則の規定に沿って述べたものである．□内に入れるべき字句の正しい組合せを下の番号から選べ．

無線局は，相手局を呼び出そうとするときは，電波を発射する前に，□A□に調整し，自局の発射しようとする電波の周波数その他□B□によって聴守し，他の通信に混信を与えないことを確かめなければならない．ただし，遭難通信，緊急通信，安全通信及び電波法第74条第1項に規定する通信（非常の場合の無線通信）を行う場合並びに海上移動業務及び航空移動業務以外の業務において他の通信に混信を与えないことが確実である電波により通信を行う場合は，この限りでない．

|   | A | B |
|---|---|---|
| 1 | 受信機を最良の感度 | 必要と認める周波数 |
| 2 | 受信機を最良の感度 | 別に告示する周波数 |
| 3 | 送信機を最良の状態 | 別に告示する周波数 |
| 4 | 送信機を最良の状態 | 必要と認める周波数 |

▶▶▶▶ p.66

## 問16

次の記述は，陸上移動業務の無線局が無線局運用規則の規定により無線電話通信における呼出しに際し順次送信すべき事項を掲げたものである．□内に入れるべき字句の正しい組合せを下の番号から選べ．

(1) 相手局の呼出名称　　□A□
(2) 「こちらは」　　　　1回
(3) 自局の呼出名称　　　□B□

### 解答

問14 -1　　問15 -1

第5章　無線局の運用

|   | A | B |   | A | B |
|---|---|---|---|---|---|
| 1 | 1回 | 1回 | 2 | 2回以下 | 2回以下 |
| 3 | 3回以下 | 1回 | 4 | 3回以下 | 3回以下 |

▶▶▶▶ p.67

## 問17

次の記述は，陸上移動業務の無線局が無線電話通信における応答に際し順次送信すべき事項を，無線局運用規則の規定に沿って掲げたものである．□内に入れるべき字句の正しい組合せを下の番号から選べ．

(1) 相手局の呼出名称　 A
(2) こちらは　　　　　 1回
(3) 自局の呼出名称　　 B

|   | A | B |   | A | B |
|---|---|---|---|---|---|
| 1 | 2回以下 | 1回 | 2 | 3回以下 | 1回 |
| 3 | 3回以下 | 3回以下 | 4 | 3回 | 3回 |

▶▶▶▶ p.67

## 問18

次の記述は，陸上移動業務の無線局の呼出し又は応答の簡易化について，無線局運用規則の規定に沿って述べたものである．□内に入れるべき字句の正しい組合せを下の番号から選べ．ただし，□内の同じ記号は，同じ字句を示す．

① 空中線電力50ワット以下の無線電話により呼出しを行う場合において，確実に連絡の設定ができると認められるときは，呼出事項のうち， A の送信を省略することができる．
② ①の規定により A の送信を省略した無線局は，その通信中 B を送信しなければならない．

|   | A | B |
|---|---|---|
| 1 | 相手局の呼出名称及び「こちらは」 | 相手局の呼出名称1回 |
| 2 | 相手局の呼出名称及び「こちらは」 | 自局の呼出名称2回 |
| 3 | 「こちらは」及び自局の呼出名称 | 少なくとも1回以上自局の呼出名称 |
| 4 | 「こちらは」及び自局の呼出名称 | できる限り5分間の間隔をおいて相手局の呼出名称1回 |

▶▶▶▶ p.67

## 解答

問16 -4　　問17 -2　　問18 -3

### 問 19

固定局の空中線電力50ワット以下の無線電話を使用して応答を行う場合において，確実に連絡の設定ができると認められるとき，応答事項のうち省略できるものを無線局運用規則の規定により下の番号から選べ．

1　こちらは（1回）　自局の呼出名称（1回）
2　どうぞ
3　相手局の呼出名称（3回以下）　こちらは（1回）
4　相手局の呼出名称（3回以下）

▶▶▶▶ p.67

### 問 20

無線電話の機器の試験又は調整中，無線局運用規則の規定によりしばしばその電波の周波数によって聴守を行って確かめなければならないことになっているのはどれか．正しいものを下の番号から選べ．

1　他の無線局から停止の要求がないかどうか．
2　その電波の周波数の偏差が許容値を超えていないかどうか．
3　受信機が最良の感度に調整されているかどうか．
4　「本日は晴天なり」の連続及び自局の呼出名称の送信が10秒間を超えていないかどうか．

▶▶▶▶ p.68

### 問 21

無線局は，無線設備の機器の試験又は調整のための電波の発射が他の既に行われている無線局の通信に混信を与える旨の通知を受けたときは，どのようにしなければならないか，無線局運用規則の規定に照らし正しいものを下の番号から選べ．

1　10秒間を超えて電波を発射しないように注意しなければならない．
2　空中線電力を低下しなければならない．
3　その通知に対して直ちに応答しなければならない．
4　直ちにその発射を中止しなければならない．

▶▶▶▶ p.68

### 解答

問19　-4　　問20　-1　　問21　-4

# 6 監督

## 6.1 職権による周波数等の変更（法71条）

1 総務大臣は，**電波の規整**その他**公益上必要**があるときは，当該無線局の**目的の遂行**に支障を及ぼさない範囲内に限り，当該無線局（**登録局を除く．**）の**周波数**若しくは**空中線電力**の指定を変更し，又は登録局の周波数若しくは空中線電力若しくは人工衛星局の**無線設備の設置場所**の**変更を命ずる**ことができる．

2 国は，1の規定による無線局の周波数若しくは空中線電力の指定の変更又は人工衛星局の無線設備の設置場所の変更を命じたことによって生じた損失を当該無線局の免許人等に対して補償しなければならない．

3 2の規定により補償すべき損失は，同項の処分によって通常生ずべき損失とする．

4 2の補償金額に不服がある者は，補償金額決定の通知を受けた日から6か月以内に，訴をもって，その増額を請求することができる．

5 4の訴においては，国を被告とする．

6 1の規定により人工衛星局の無線設備の設置場所の変更の命令を受けた免許人は，その命令に係る措置を講じたときは，速やかに，その旨を総務大臣に報告しなければならない．

> 国際条約上の取極めに基づいて，周波数や人工衛星の軌道位置の変更が必要となる場合等に，総務大臣が無線局の免許人に命じてこれらの変更を行わせる．

## 6.2 非常の場合の無線通信（法74条，74条の2）

1 総務大臣は，地震，台風，洪水，津波，雪害，火災，暴動その他**非常の事態が発生し，又は発生するおそれがある場合**においては，人命の救助，災害の救援，**交通通信の確保**又は秩序の維持のために必要な通信を**無線局**に行わせることができる．

2 総務大臣が1の規定により**無線局**に通信を行わせたときは，国は，その通信に要した実費を弁償しなければならない．

3 総務大臣は，1に規定する通信の円滑な実施を確保するため必要な体制を整備するため，非常の場合における通信計画の作成，通信訓練の実施その他の必要な措置を講じておかなければならない．

4 総務大臣は，3に規定する措置を講じようとするときは，免許人等の協力を求めることができる．

> **5.1節**（p.63）の「非常通信」は無線局の免許人の判断で行うが，「非常の場合の無線通信」は総務大臣が無線局の免許人に命じて通信を行わせる．「非常通信」では有線通信を利用することが困難なときに非常通信を実施することが規定されているが，「非常の場合の無線通信」では，有線通信に関することは規定されていない．

## 6.3 電波の発射の停止（法72条）

1 総務大臣は，無線局の発射する**電波の質**が電波法第28条の総務省令で定めるものに適合していないと認めるときは，当該無線局に対して**臨時**に**電波**の**発射**の**停止**を命ずることができる．
2 総務大臣は，1の命令を受けた無線局からその発射する電波の質が第28条の総務省令の定めるものに適合するに至った旨の**申出**を受けたときは，その無線局に電波を試験的に発射させなければならない．
3 総務大臣は，2の規定により発射する**電波の質**が第28条の総務省令で定めるものに適合しているときは，直ちに1の**停止**を**解除**しなければならない．

## 6.4 無線局の検査

### 1 定期検査（法73条）

1 総務大臣は，総務省令で**定める時期**ごとに，あらかじめ通知する期日に，その職員を無線局（総務省令で定めるものを除く．）に派遣し，その**無線設備等**［無線設備，無線従事者の**資格**及び**員数**並びに**時計**及び**書類**］を検査させる．ただし，当該無線局の発射する電波の質又は空中線電力に係る無線設備の事項以外の事項の検査を行う必要がないと認める無線局については，その無線局に電波の発射を命じて，その発射する**電波の質**又は**空中線電力**の検査を行う．
2 1の検査は，当該無線局についてその検査を1の総務省令で定める時期に行う必要がないと認める場合及び当該無線局のある船舶又は航空機が当該時期に外国地間を航行中の場合においては，1の規定にかかわらず，その時期を延期し，又は省略することができる．
3 1の検査は，当該無線局の免許人から，1の規定により総務大臣が通知した期日の**1か月前**までに，当該無線局の無線設備等について電波法第24条の2第1項［登録点検事業者］又は第24条の13第1項［登録外国点検事業者］の登録を受けた者が総務省令で定めるとこ

ろにより行った当該登録に係る**点検の結果**を記載した書類の提出があったときは，1の規定にかかわらず，その一部を省略することができる．

## 2 臨時検査（法73条）

1　総務大臣は，6.3節－1の電波の**発射の停止**を命じたとき，6.3節－2の**申出**があったとき，無線局のある船舶又は航空機が外国へ出港しようとするとき，その他**電波法**の**施行を確保**するため特に必要があるときは，その職員を無線局に派遣し，その無線設備等を検査させることができる．

2　総務大臣は，無線局のある船舶又は航空機が外国へ出港しようとする場合その他この法律の施行を確保するため特に必要がある場合において，当該無線局の発射する電波の質又は空中線電力に係る無線設備の事項のみについて検査を行う必要があると認めるときは，その無線局に電波の発射を命じて，その発射する電波の質又は空中線電力の検査を行うことができる．

## 3 検査職員（法39条の9，法73条）

無線局の検査を実施する検査職員は，その身分を示す証明書を携帯しなければならない．この規定は，指定講習機関及び指定証明機関の事業所に立ち入る検査職員に係る規定が準用される．

1　総務大臣は，この法律を施行するため必要があると認めるときは，指定講習機関に対し，講習の業務の状況に関し報告させ，又はその職員に，指定証明機関の事業所に立ち入り，講習の業務の状況若しくは設備，帳簿，書類その他の物件を検査させることができる．

2　1の規定により立入検査をする職員は，その身分を示す証明書を携帯し，かつ，関係者の請求があるときは，これを提示しなければならない．

3　1の規定による立入検査の権限は，犯罪捜査のために認められたものと解釈してはならない．

4　2及び3の規定は，**1**－1の本文又は**2**－1の規定による検査に準用する．

## 4 検査の結果に対する措置（施39条）

免許人等は，検査の結果について総務大臣又は総合通信局長から指示を受け相当な措置をしたときは，その措置の内容を**無線検査簿**又は無線局検査結果通知書の記載欄に記載するとともに**総務大臣**又は**総合通信局長**（沖縄総合通信事務所長を含む．）に**報告**しなければならない．

無線局検査結果通知書は，検査の一部を省略して検査を行ったとき，無線局の発射する電波の質又は空中線電力に係る無線設備の事項のみの検査を行ったとき，又は無線検査簿の備付けを省略した無線局の検査を行ったときに検査の結果を通知する文書である．

## 6.5 無線局の免許の取消し等（法76条）

### 1 無線局の運用の停止又は制限

総務大臣は，免許人等が**電波法**，**放送法**若しくはこれらの法律に基く命令又はこれらに基く処分に**違反**したときは，**3か月以内**の期間を定めて無線局の**運用の停止**を命じ，若しくは登録の全部若しくは一部の効力を停止し，又は期間を定めて**運用許容時間**，**周波数**若しくは**空中線電力**を制限することができる．

> **Point**
> 無線局の予備免許の際に総務大臣から次の事項が指定される．
> 　工事落成の期限，運用許容時間，電波の型式及び周波数，識別信号，空中線電力
> このうち，運用許容時間，周波数，空中線電力について制限を受けることがある．

**6.3節**の電波の発射の停止は，電波の質が電波法の規定に適合していない場合にその不適合な電波について発射の停止を命ぜられる．**6.5節**の運用の停止は，無線局のすべての運用の停止を命ぜられる．

### 2 無線局の免許の取消し

総務大臣は，免許人（包括免許人を除く．）が次の各号のいずれかに該当するときは，その免許を**取り消す**ことができる．

① 正当な理由がないのに，無線局の運用を引き続き**6か月**以上**休止**したとき．
② **不正な手段**により無線局の免許若しくは電波法第17条［通信の相手方，無線設備の設置場所等の変更］の許可を受け，又は第19条［識別信号，電波の型式，周波数等の変更］の規定による指定の変更を行わせたとき．
③ **1**の規定による命令又は制限に**従わない**とき．
④ 免許人が電波法第5条第3項第一号［無線局の免許の欠格事由］に該当するに至ったとき．

### 3 無線局の包括免許の取消し

総務大臣は，包括免許人が次の各号のいずれかに該当するときは，その包括免許を**取り消す**ことができる．

① 電波法第27条の5第1項第四号の期限（第27条の6第1項の規定による期限の延長があったときは，その期限）までに特定無線局の運用を全く開始しないとき．
② 正当な理由がないのに，その包括免許に係るすべての特定無線局の運用を引き続き**6か月**以上**休止**したとき．

③ 不正な手段により包括免許若しくは第27条の8の許可を受け，又は第27条の9の規定による指定の変更を行わせたとき．
④ **1**の規定による命令又は制限に従わないとき．
⑤ 包括免許人が電波法第5条第3項第一号［無線局の免許の欠格事由］に該当するに至ったとき．

### 4 無線局の登録の取消し
① 不正な手段により電波法第27条の18第1項の登録又は第27条の23第1項若しくは第27条の30第1項の変更登録を受けたとき．
② **1**又は**2**の規定による命令に従わないとき．
③ 登録人が電波法第5条第3項第一号［無線局の免許の欠格事由］に該当するに至ったとき．

## 6.6 無線従事者の免許の取消し等（法79条）

総務大臣は，無線従事者が次の各号の一に該当するときは，その免許を**取り消し**，又は3か月以内の期間を定めてその**業務に従事することを停止**することができる．
① 電波法若しくは電波法に基く命令又はこれらに基く処分に**違反**したとき．
② **不正**な手段により免許を受けたとき．
③ 電波法42条第三号［著しく**心身に欠陥**があって無線従事者たるに適しない者］に該当するに至ったとき．

> **Point**
> ●無線局と無線従事者に対する処分
> ① 無線局については，電波法及び放送法の規定に関する違反行為に対して処分されるが，無線従事者では，電波法に関する違反行為に対して処分される．
> ② 無線局の処分の内容には，運用の停止，空中線電力等の運用の制限，免許の取消しがある．
> ③ 無線従事者の処分の内容には，従事停止，免許の取消しがある．
> ④ 無線局の処分では，電波法に違反したときに免許の取消しはないが，無線従事者の処分では，電波法に違反したときに免許の取消もあり得る．

## 6.7 報告（法80条，法81条，施42条の2）

1 無線局の免許人等は，次に掲げる場合は，総務省令で定める手続により，総務大臣に報告しなければならない．

① 遭難通信，緊急通信，安全通信又は**非常通信**を行ったとき．
② **電波法**又は**電波法に基く命令**の規定に**違反**して運用した無線局を認めたとき．
③ 無線局が外国において，あらかじめ総務大臣が告示した以外の運用の制限をされたとき．

2　総務大臣は，無線通信の秩序の維持その他無線局の適正な運用を確保するため必要があると認めるときは，免許人等に対し，**無線局**に関し報告を求めることができる．

3　免許人等は，1の場合は，できる限り**すみやか**に，**文書**によって，総務大臣又は総合通信局長に報告しなければならない．この場合において，遭難通信及び緊急通信にあっては，当該通報を発信したとき又は遭難通信を宰領したときに限り，安全通信にあっては，総務大臣が別に告示する簡易な手続により，当該通報の発信に関し，報告するものとする．

## 6.8　免許を要しない無線局及び受信設備に対する監督（法82条）

1　総務大臣は，電波法第4条第一号から第三号までに掲げる無線局（「免許等を要しない無線局」という．）の無線設備の発する電波又は受信設備が副次的に発する電波若しくは高周波電流が他の無線設備の機能に継続的かつ重大な障害を与えるときは，その設備の**所有者**又は**占有者**に対し，その障害を除去するために必要な措置をとるべきことを**命ずる**ことができる．

2　総務大臣は，免許等を要しない無線局の無線設備について又は**放送**の受信を目的とする受信設備以外の受信設備について1の措置をとるべきことを命じた場合において特に必要があると認めるときは，その職員を当該設備のある場所に派遣し，その設備を検査させることができる．

3　電波法第38条の12第2項［検査職員が身分を示す証明書を携帯］及び第3項［立入検査の権限は，犯罪捜査のためではない］の規定は，2の規定による検査に準用する．

## 6.9　電波利用料（法103条の2）

1　免許人等は，電波利用料として，無線局の免許等の日から起算して**30日以内**及びその後毎年その免許等の日に応当する日（応当する日がない場合は，その翌日．「応当日」という．）から起算して**30日以内**に，当該無線局の免許等の日又は応当日から始まる各1年の期間について，別表［省略］に掲げる金額を国に納めなければならない．

2　「電波利用料」とは，次に掲げる事務その他の電波の適正な利用の確保に関し総務大臣が無線局全体の受益を直接の目的として行う事務の処理に要する費用（「電波利用共益費用」という．）の財源に充てるために免許人等又は特定免許等不要局を開設した者が納付

すべき金銭をいう．
① 電波の監視及び規正並びに不法に開設された無線局の探査
② 総合無線局管理ファイル（全無線局についての書類及び申請書並びに免許状等（免許状又は登録状）に記載しなければならない事項その他の無線局の免許等に関する事項を電子情報処理組織によって記録するファイルをいう．）の作成及び管理
③ 周波数を効率的に利用する技術，周波数の共同利用を促進する技術又は高い周波数への移行を促進する技術としておおむね5年以内に開発すべき技術に関する無線設備の技術基準の策定に向けた研究開発並びに既に開発されている周波数を効率的に利用する技術，周波数の共同利用を促進する技術又は高い周波数への移行を促進する技術を用いた無線設備について無線設備の技術基準を策定するために行う国際機関及び外国の行政機関その他の外国の関係機関との連絡調整並びに試験及びその結果の分析
④ 電波の人体等への影響に関する調査
⑤ 標準電波の発射
⑥ 特定周波数変更対策業務（指定周波数変更対策機関に対する交付金の交付を含む．）
⑦ 特定周波数終了対策業務（登録周波数終了対策機関に対する交付金の交付を含む．）
（以下の項目は省略）

3　1の規定は，次に掲げる無線局の免許人等又は特定免許等不要局を開設した者には，適用しない．
① **地方公共団体**が開設する無線局であって，都道府県知事又は**消防組織法**の規定により設けられる**消防の機関**が消防事務の用に供するもの
② **地方公共団体**又は**水防法**に規定する**水防管理団体**が開設する無線局であって，都道府県知事，水防管理者又は水防団が水防事務の用に供するもの

4　次の各号に掲げる免許人等又は特定免許等不要局を開設した者が納めなければならない電波利用料の金額は，当該各号に定める規定にかかわらず，これらの規定による金額の2分の1に相当する金額とする．
① **地方公共団体**が開設する無線局であって，**災害対策基本法**に掲げる地域防災計画の定めるところに従い防災上必要な通信を行うことを目的とするものの免許人等又は特定免許等不要局を開設した者
② 周波数割当計画において無線局の使用する電波の周波数の全部又は一部について使用の期限が定められている場合において当該無線局をその免許等の日又は応当日から起算して2年以内に廃止することについて総務大臣の確認を受けた無線局の免許人等

5　免許人等（包括免許人等を除く．）は，1の規定により電波利用料を納めるときには，その翌年の応当日以後の期間に係る電波利用料を**前納**することができる．

6.9　電波利用料（法103条の2）

## 基本問題練習

### 問1

次の記述は，周波数等の変更について，電波法の規定に沿って述べたものである．☐内に入れるべき字句の正しい組合せを下の番号から選べ．

総務大臣は，電波の規整その他公益上必要があるときは，当該無線局の A に支障を及ぼさない範囲内に限り，当該無線局（登録局を除く．）の周波数若しくは空中線電力の指定を変更し，又は登録局の周波数若しくは空中線電力若しくは人工衛星局の無線設備の設置場所の変更を B ことができる．

|   | A | B |   | A | B |
|---|---|---|---|---|---|
| 1 | 目的の遂行 | 命ずる | 2 | 運用 | 命ずる |
| 3 | 目的の遂行 | 勧告する | 4 | 運用 | 勧告する |

▶▶▶▶ p.77

### 問2

次の記述は，周波数等の変更に関する電波法の規定について述べたものである．☐内に入れるべき字句の正しい組合せを下の番号から選べ．ただし，☐内の同じ記号は，同じ字句を示す．

総務大臣は， A 必要があるときは，無線局の目的の遂行に支障を及ぼさない範囲内に限り，当該無線局（ B を除く．）の周波数若しくは空中線電力の指定を変更し，又は B の周波数若しくは空中線電力若しくは人工衛星局の C の変更を命ずることができる．

|   | A | B | C |
|---|---|---|---|
| 1 | 混信の除去その他特に | 登録局 | 無線設備 |
| 2 | 混信の除去その他特に | 陸上移動局 | 無線設備の設置場所 |
| 3 | 電波の規整その他公益上 | 登録局 | 無線設備の設置場所 |
| 4 | 電波の規整その他公益上 | 陸上移動局 | 無線設備 |

▶▶▶▶ p.77

### 問3

次の記述は，非常の場合の無線通信について，電波法の規定に沿って述べたものである．☐内に入れるべき字句の正しい組合せを下の番号から選べ．ただし，☐内の同じ記

### 解答

問1 －1　　問2 －3

号は，同じ字句を示す．

① 総務大臣は，地震，台風，洪水，津波，雪害，火災，暴動その他非常の事態が A においては，人命の救助，災害の救援， B の確保又は秩序の維持のために必要な通信を C に行わせることができる．

② 総務大臣が①の規定により C に通信を行わせたときは，国は，その通信に要した実費を弁償しなければならない．

|   | A | B | C |
|---|---|---|---|
| 1 | 発生し，又は発生するおそれがある場合 | 電力の供給 | 電気通信事業者 |
| 2 | 発生し，又は発生するおそれがある場合 | 交通通信 | 無線局 |
| 3 | 発生するおそれがある場合 | 電力の供給 | 無線局 |
| 4 | 発生するおそれがある場合 | 交通通信 | 電気通信事業者 |

▶▶▶▶ p.77

### 問 4

無線局が臨時に電波の発射の停止を命じられることがあるのはどの場合か．電波法の規定により正しいものを下の番号から選べ．

1 自己若しくは他人に利益を与え，又は他人に損害を加える目的で無線設備によって虚偽の通信を発したとき．
2 無線設備によってわいせつな通信を発したとき．
3 無線通信の秘密を漏らし，又は窃用したとき．
4 発射する電波の質が総務省令で定めるものに適合していないと認められるとき．

▶▶▶▶ p.78

### 問 5

電波の質が総務省令で定めるものに適合していないと認められ，総務大臣又は総合通信局長（沖縄総合通信事務所長を含む．）から臨時に電波の発射の停止命令を受けた無線局が，その発射する電波の質を総務省令の定めるものに適合するよう措置したときは，どうしなければならないか，電波法の規定により正しいものを下の番号から選べ．

1 その旨を総務大臣又は総合通信局長（沖縄総合通信事務所長を含む．）に届け出て，電波の発射を開始する．
2 その旨を総務大臣又は総合通信局長（沖縄総合通信事務所長を含む．）に申し出る．
3 直ちにその電波を発射する．

### 解答

問3 －2　　問4 －4

4 他の無線局の通信に混信を与えないことを確かめた後，電波を発射する．

▶▶▶▶ p.78

**問 6**

次の記述は，電波の発射の停止について電波法の規定に沿って述べたものである．☐内に入れるべき字句の正しい組合せを下の番号から選べ．ただし，☐内の同じ記号は，同じ字句を示す．

① 総務大臣は，無線局の発射する A が総務省令で定めるものに適合していないと認めるときは，当該無線局に対して B 電波の発射の停止を命ずることができる．
② 総務大臣は，①の命令を受けた無線局からその発射する A が総務省令の定めるものに適合するに至った旨の申出を受けたときは，その無線局に電波を試験的に発射させなければならない．
③ 総務大臣は，②の規定により発射する A が総務省令で定めるものに適合しているときは，直ちに C しなければならない．

|   | A | B | C |
|---|---|---|---|
| 1 | 電波の強度 | 3か月以内の期間を定めて | ①の停止を解除 |
| 2 | 電波の強度 | 臨時に | その旨を通知 |
| 3 | 電波の質 | 3か月以内の期間を定めて | その旨を通知 |
| 4 | 電波の質 | 臨時に | ①の停止を解除 |

▶▶▶▶ p.78

**問 7**

次の記述は，無線局の検査について電波法の規定に沿って述べたものである．☐内に入れるべき字句の正しい組合せを下の番号から選べ．ただし，☐内の同じ記号は，同じ字句を示す．

① 総務大臣は，総務省令で定める時期ごとに，あらかじめ通知する期日に，その職員を無線局（総務省令で定めるものを除く．）に派遣し，その無線設備，無線従事者の資格（主任無線従事者の要件等に係るものを含む．）及び員数並びに時計及び書類（以下「無線設備等」という．）を検査させる．ただし，当該無線局の発射する A 又は空中線電力に係る無線設備の事項以外の事項の検査を行う必要がないと認める無線局については，その無線局に電波の発射を命じて，その発射する A 又は空中線電力の検査を行う．
② ①の検査は，当該無線局の免許人から，①の規定により総務大臣が通知した期日の

**解答**

問5 －2　　問6 －4

B 前までに，当該無線局の無線設備等について電波法第24条の2第1項又は第24条の13第1項の登録を受けた者（「登録点検事業者」又は「登録外国点検事業者」のことをいう.）が総務省令で定めるところにより行った当該登録に係る C を記載した書類の提出があったときは，①の規定にかかわらず，その一部を省略することができる．

|   | A | B | C |
|---|---|---|---|
| 1 | 電波の強度 | 1か月 | 検査の結果 |
| 2 | 電波の強度 | 10日 | 点検の結果 |
| 3 | 電波の質 | 1か月 | 点検の結果 |
| 4 | 電波の質 | 10日 | 検査の結果 |

▶▶▶▶ p.78

### 問8

次に掲げるもののうち，無線局の臨時検査が行われる場合に該当するものを，電波法の規定に照らし下の番号から選べ．
1 総務大臣が電波法の施行を確保するため特に必要があると認めるとき．
2 無線局の再免許を受けたとき．
3 周波数の指定の変更を受けたとき．
4 無線設備の変更の工事を行ったとき．

▶▶▶▶ p.79

### 問9

次の記述は，総務大臣がその職員を無線局に派遣し，その無線設備，無線従事者の資格及び員数並びに時計及び書類を検査させることができる場合について述べたものである．電波法の規定に照らし □ 内に入れるべき字句の正しい組合せを下の番号から選べ．ただし，□ 内の同じ記号は，同じ字句を示す．
① 無線局の発射する A が総務省令で定めるものに適合していないと認め，当該無線局に対して B 電波の発射の停止を命じたとき．
② ①の命令を受けた無線局からその発射する A が総務省令の定めるものに適合するに至った旨の申出を受けたとき．
③ 無線局のある船舶又は航空機が外国へ出港しようとするとき．
④ その他 C の施行を確保するため特に必要があるとき．

### 解答

問7 -3　　問8 -1

|   | A | B | C |
|---|---|---|---|
| 1 | 電波の質 | 臨時に | 電波法 |
| 2 | 電波の質 | 3か月以内の期間を定めて | 電波法又は放送法 |
| 3 | 電波の強度 | 臨時に | 電波法又は放送法 |
| 4 | 電波の強度 | 3か月以内の期間を定めて | 電波法 |

▶▶▶▶ p.79

## 問10

免許人等は，無線局の検査の結果について総合通信局長（沖縄総合通信事務所長を含む.）から指示を受け相当な措置をしたときは，どうしなければならないか，電波法施行規則の規定により正しいものを下の番号から選べ.

1 その措置の内容を無線検査簿又は無線局検査結果通知書の記載欄に記載するとともに総合通信局長（沖縄総合通信事務所長を含む.）に報告しなければならない.
2 その措置の内容を無線業務日誌に記載するとともに総合通信局長（沖縄総合通信事務所長を含む.）に報告しなければならない.
3 その措置の内容を免許状の余白に記載しておかなければならない.
4 速やかに措置した旨を担当検査職員に連絡しなければならない.

▶▶▶▶ p.79

**解説**　「免許人等」とは，「免許人又は登録人」のことである.

## 問11

次に掲げるもののうち，免許人が電波法若しくは電波法に基づく命令又はこれらに基づく処分に違反したとき，電波法の規定によりその無線局について総務大臣から受けることがある処分を下の番号から選べ.

1 電波の型式の制限　　2 通信の相手方の制限
3 通信事項の制限　　　4 周波数の制限

▶▶▶▶ p.80

## 問12

免許人が電波法若しくは電波法に基づく命令又はこれらに基づく処分に違反したとき，電波法の規定によりその無線局について総務大臣から受けることがある処分を下の番号から選べ.

1 送信空中線の撤去　　2 無線従事者の解任

● 解答 ●

問9 −1　　問10 −1　　問11 −4

3　電波の型式の制限　　　4　空中線電力の制限

## 問13

免許人が電波法若しくは電波法に基づく命令又はこれらに基づく処分に違反したとき，電波法の規定により総務大臣からどのような処分を受けることがあるか，正しいものを下の番号から選べ．
1　無線局の免許の取消し
2　無線局の免許の有効期間の制限
3　3か月以内の期間を定めた無線局の運用の停止
4　無線従事者の免許の取消し

## 問14

次の記述は，総務大臣が行う処分について電波法の規定に沿って述べたものである．□内に入れるべき字句の正しい組合せを下の番号から選べ．

総務大臣は，免許人又は登録人が電波法，□A□若しくはこれらの法律に基づく命令又はこれらに基づく処分に違反したときは，□B□を定めて無線局の運用の停止を命じ，若しくは登録の全部若しくは一部の効力を停止し，又は期間を定めて□C□を制限することができる．

| | A | B | C |
|---|---|---|---|
| 1 | 電気通信事業法 | 3か月以内の期間 | 周波数若しくは空中線電力 |
| 2 | 電気通信事業法 | 6か月以内の期間 | 運用許容時間，周波数若しくは空中線電力 |
| 3 | 放送法 | 3か月以内の期間 | 運用許容時間，周波数若しくは空中線電力 |
| 4 | 放送法 | 6か月以内の期間 | 周波数若しくは空中線電力 |

## 問15

免許人が無線局の運用の停止処分に従わないとき，電波法の規定によりその無線局について総務大臣から受けることがある処分を下の番号から選べ．
1　電波の発射の停止　　　2　空中線の撤去命令
3　無線局の免許の取消し　　4　無線従事者の解任命令

### 解答

問12 -4　　問13 -3　　問14 -3　　問15 -3

### 問16

次に掲げるもののうち，免許人（包括免許人を除く.）が不正な手段により無線設備の変更の工事の許可を受けたとき，電波法の規定により総務大臣から受けることがある処分を下の番号から選べ.

1　3か月以内の期間を定めた無線従事者の業務の従事停止
2　無線局の免許の取消し
3　6か月以内の期間を定めた無線局の運用の停止
4　無線局の周波数又は空中線電力の制限

▶▶▶▶ p.80

### 問17

次に掲げるもののうち，免許人（包括免許人を除く.）が不正な手段により電波の型式，周波数又は空中線電力の指定の変更を行わせたとき，電波法の規定により総務大臣から受けることがある処分を下の番号から選べ.

1　電波の型式，周波数又は空中線電力の制限
2　6か月以内の期間の無線局の運用停止
3　無線局の免許の取消し
4　運用許容時間の制限

▶▶▶▶ p.80

### 問18

包括免許人が，正当な理由がないのに，その包括免許に係るすべての特定無線局の運用を引き続き6か月以上休止したときは，どのような処分を受けることがあるか，電波法の規定により正しいものを下の番号から選べ.

1　その特定無線局の運用の停止を命じられる.
2　その包括免許を取り消される.
3　無線従事者の免許を取り消される.
4　その特定無線局の周波数又は空中線電力を制限される.

▶▶▶▶ p.80

### 解答

問16 −2　　問17 −3　　問18 −2

## 問19

次の記述は，無線局の免許の取消しについて電波法の規定に沿って述べたものである．□内に入れるべき字句の正しい組合せを下の番号から選べ．

総務大臣は，免許人（包括免許人を除く．）が次のいずれかに該当するときは，その免許を取り消すことができる．

(1) 正当な理由がないのに，無線局の運用を引き続き　A　以上休止したとき．
(2) 不正な手段により無線局の免許を受けたとき．
(3) 不正な手段により通信の相手方，通信事項若しくは無線設備の設置場所の変更又は無線設備の変更の工事の許可を受けたとき．
(4) 不正な手段により識別信号，　B　，空中線電力又は運用許容時間の指定の変更を行わせたとき．
(5) 　C　の停止の命令又は運用許容時間，周波数若しくは空中線電力の制限に従わないとき．
(6) 免許人が電波法又は放送法に規定する罪を犯し罰金以上の刑に処せられ，その執行を終わり，又はその執行を受けることがなくなった日から2年を経過しない者に該当するに至ったとき．

|   | A | B | C |
|---|---|---|---|
| 1 | 6か月 | 電波の型式，周波数 | 無線局の運用 |
| 2 | 6か月 | 周波数 | 電波の発射 |
| 3 | 3か月 | 電波の型式，周波数 | 電波の発射 |
| 4 | 3か月 | 周波数 | 無線局の運用 |

▶▶▶▶ p.80

## 問20

次に掲げるもののうち，無線従事者が総務大臣から3か月以内の期間を定めてその業務に従事することを停止されることがある場合はどれか，電波法の規定により正しいものを下の番号から選べ．

1 電波法若しくは電波法に基づく命令又はこれらに基づく処分に違反したとき．
2 無線従事者としてその業務に従事することがなくなったとき．
3 無線局の運用を6か月以上休止したとき．
4 免許証を失ったとき．

▶▶▶▶ p.81

### 解答

**問19** -1　　**問20** -1

### 問21

無線従事者が電波法若しくは電波法に基づく命令又はこれらに基づく処分に違反したとき，総務大臣からどのような処分を受けることがあるか，電波法の規定により正しいものを下の番号から選べ．

1　無線設備の操作の範囲の制限
2　無線従事者の免許の取消し
3　無線従事者国家試験の受験停止
4　6か月の業務停止

▶▶▶▶ p.81

### 問22

次に掲げるもののうち，無線従事者がその免許を取り消されることがある場合に該当するものを，電波法の規定に照らし下の番号から選べ．

1　日本の国籍を失ったとき．
2　刑法に規定する罪を犯し，罰金以上の刑に処せられたとき．
3　5年以上無線設備の操作を行わなかったとき．
4　不正な手段により無線従事者の免許を受けたとき．

▶▶▶▶ p.81

### 問23

次に掲げるもののうち，無線従事者がその免許を取り消されることがある場合に該当しないものを，電波法の規定に照らし下の番号から選べ．

1　著しく心身に欠陥があって無線従事者たるに適しない者に該当するに至ったとき．
2　電波法若しくは電波法に基づく命令又はこれらに基づく処分に違反したとき．
3　不正な手段により無線従事者の免許を受けたとき．
4　失そう宣告の届出があったとき．

▶▶▶▶ p.81

### 問24

次の記述は，無線従事者の免許の取消し等について電波法の規定に沿って述べたものである．　　内に入れるべき字句の正しい組合せを下の番号から選べ．

総務大臣は，無線従事者が電波法若しくは電波法に基づく命令又はこれらに基づく処分に違反したときは，その免許を取り消し，又は　A　以内の期間を定めてその　B　することができる．

**解答**

問21 －2　　問22 －4　　問23 －4

|   | A | B |
|---|---|---|
| 1 | 3か月 | 業務に従事することを停止 |
| 2 | 3か月 | 無線設備の操作の範囲を制限 |
| 3 | 6か月 | 業務に従事することを停止 |
| 4 | 6か月 | 無線設備の操作の範囲を制限 |

▶▶▶▶ p.81

### 問25

次の記述は，総務大臣への報告について電波法の規定に沿って述べたものである．□内に入れるべき字句の正しい組合せを下の番号から選べ．

① 無線局の免許人等は，次に掲げる場合は，総務省令で定める手続により，総務大臣に報告しなければならない．
　（1）遭難通信，緊急通信，安全通信又は A を行ったとき．
　（2）電波法又は B の規定に違反して運用した無線局を認めたとき．
　（3）無線局が外国において，あらかじめ総務大臣が告示した以外の運用の制限をされたとき．
② 総務大臣は，無線通信の秩序の維持その他無線局の適正な運用を確保するため必要があると認めるときは，免許人等に対し， C に関し報告を求めることができる．

|   | A | B | C |
|---|---|---|---|
| 1 | 非常通信 | 電波法に基づく命令 | 無線局 |
| 2 | 非常通信 | 電気通信事業法 | 電波監理上必要な事項 |
| 3 | 電波の規正に関する通信 | 電波法に基づく命令 | 電波監理上必要な事項 |
| 4 | 電波の規正に関する通信 | 電気通信事業法 | 無線局 |

▶▶▶▶ p.81

### 問26

無線局の免許人又は登録人は，電波法又は電波法に基づく命令の規定に違反して運用した無線局を認めたときは，どうしなければならないか，電波法及び電波法施行規則の規定に照らし正しいものを下の番号から選べ．

1　できる限りすみやかに，文書によって，総務大臣又は総合通信局長（沖縄総合通信事務所長を含む．）に報告しなければならない．
2　その無線局を告発しなければならない．

### 解答

問24 −1　　問25 −1

基本練習問題

3 その無線局の免許人にその旨を通知しなければならない．
4 その無線局の電波の発射を停止させなければならない．

▶▶▶▶ p.81

### 問27

次の記述は，免許を要しない無線局及び受信設備に対する監督について，電波法の規定に沿って述べたものである．□内に入れるべき字句の正しい組合せを下の番号から選べ．

総務大臣は，電波法の規定による免許等を要しない無線局の無線設備の発する電波又は受信設備が副次的に発する電波若しくは高周波電流が他の無線設備の機能に継続的かつ重大な障害を与えるときは，その設備の A に対し，その障害を除去するために必要な措置をとるべきことを B ことができる．

|   | A | B |   | A | B |
|---|---|---|---|---|---|
| 1 | 所有者又は占有者 | 勧告する | 2 | 所有者又は占有者 | 命ずる |
| 3 | 取扱者又は利用者 | 勧告する | 4 | 取扱者又は利用者 | 命ずる |

▶▶▶▶ p.82

### 問28

次に掲げる電波利用料に関する記述のうち，電波法の規定に照らし誤っているものを下の番号から選べ．

1 免許人等は，除外規定がある場合を除き，電波利用料として，無線局の免許の日から起算して30日以内及びその後毎年その免許の日に応当する日（応当する日がない場合は，その翌日．以下「応当日」という．）から起算して30日以内に，当該無線局の免許の日又は応当日から始まる各1年の期間について，電波法に定める金額を国に納めなければならない．
2 免許人等（包括免許人等を除く．）は，電波利用料を納めるときには，その翌年の応当日以後の期間に係る電波利用料を前納することができる．
3 無線局の免許申請手数料を納付した者は，当該無線局の免許の日から始まる1年の期間については，電波利用料を納めることを要しない．
4 地方公共団体が開設する無線局であって，災害対策基本法の規定に掲げる地域防災計画の定めるところに従い防災上必要な通信を行うことを目的とするものの免許人等が納めなければならない電波利用料の金額は，減額される．

▶▶▶▶ p.82

### 解答

問26 −1　　問27 −2　　問28 −3

## 問29

次に掲げる電波利用料に関する記述のうち，電波法の規定に照らし誤っているものを下の番号から選べ．

1 電波利用料とは，次に掲げる電波の適正な利用の確保に関し総務大臣が無線局全体の受益を直接の目的として行う事務の処理に要する費用の財源に充てるために免許人等又は特定免許等不要局を開設した者が納付すべき金銭をいう．
　(1) 電波の監視及び規正並びに不法に開設された無線局の探査
　(2) 総合無線局管理ファイルの作成及び管理
　　　（以下の項目は省略）
2 発射する電波が著しく微弱な無線局等免許を要しない無線局については，電波利用料の徴収等の規定が適用されない．
3 地方公共団体又は水防法に規定する水防管理団体が開設する無線局であって，都道府県知事，同法に規定する水防管理者又は水防団が水防事務の用に供するものについては，電波利用料の納付が免除される．
4 電波利用料を納めた場合は，次の定期検査の手数料が減免される．

▶▶▶▶ p.82

**解説** 電波利用料は無線局の免許等を受けた場合に，納付しなければならないことが規定されている．発射する電波が著しく微弱な無線局等免許を要しない無線局については，徴収等の規定は適用されない．

**解答**

問29 −4

# 7 罰則

## 7.1 罰則

刑罰に関しては刑法総則の規定が適用される．刑罰の種類には，主刑は，死刑，懲役，禁錮，罰金，拘留，科料があり，附加刑として没収がある．このうち電波法で規定されている刑罰には，懲役，禁錮，罰金，科料がある．

### 1 虚偽の通信（法106条）

1. 自己若しくは他人に利益を与え，又は他人に損害を加える目的で，無線設備によって虚偽の通信を発した者は，**3年**以下の懲役又は**150万円**以下の罰金に処する．
2. 船舶遭難又は航空機遭難の事実がないのに，無線設備によって遭難通信を発した者は，3月以上10年以下の懲役に処する．

### 2 わいせつな通信（法108条）

無線設備又は電波法第100条第1項第一号［高周波利用設備］の通信設備によってわいせつな通信を発した者は，2年以下の懲役又は100万円以下の罰金に処する．

### 3 重要無線通信妨害（法108条の2）

1. 電気通信業務又は放送の業務の用に供する無線局の無線設備又は**人命**若しくは**財産の保護**，治安の維持，気象業務，電気事業に係る**電気の供給**の業務若しくは**鉄道事業**に係る列車の運行の業務の用に供する無線設備を損壊し，又はこれに物品を接触し，その他その無線設備の**機能に障害**を与えて無線通信を妨害した者は，**5年**以下の懲役又は**250万円**以下の罰金に処する．
2. 1の未遂罪は，罰する．

### 4 秘密の保護（法109条）

1. 無線局の取扱中に係る無線通信の秘密を漏らし，又は**窃用**した者は，**1年**以下の懲役又は**50万円**以下の罰金に処する．
2. 無線通信の業務に従事する者がその業務に関し知り得た1の**秘密**を**漏らし**，又は**窃用**したときは，**2年**以下の懲役又は**100万円**以下の罰金に処する．

## 5 暗号通信の復元（法109条の2）

1 　暗号通信を傍受した者又は暗号通信を媒介する者であって当該暗号通信を受信したものが，当該暗号通信の秘密を漏らし，又は窃用する目的で，その内容を復元したときは，1年以下の懲役又は50万円以下の罰金に処する．

2 　無線通信の業務に従事する者が，1の罪を犯したとき（その業務に関し暗号通信を傍受し，又は受信した場合に限る．）は，2年以下の懲役又は100万円以下の罰金に処する．

3 　前2項において「暗号通信」とは，通信の当事者（当該通信を媒介する者であって，その内容を復元する権限を有するものを含む．）以外の者がその内容を復元できないようにするための措置が行われた無線通信をいう．

4 　1及び2の未遂罪は，罰する．

## 6 不法開設等（法110条）

次の各号の一に該当する者は，**1年**以下の懲役又は**100万円**以下の罰金に処する．

① 　電波法第4条［無線局の開設］の規定による**免許**又は第27条の18第1項の規定による登録がないのに，**無線局を開設し**，又は運用した者
② 　電波法第27条の7［指定無線局数］の規定に違反して特定無線局を開設した者
③ 　電波法第100条第1項［高周波利用設備］の規定による許可がないのに，同条同項の設備を運用した者
④ 　電波法第52条［免許状に記載された目的又は通信の相手方若しくは通信事項］，第53条［免許状等（免許状又は登録状）に記載された**無線設備の設置場所**，**識別信号**，**電波の型式及び周波数**］，第54条第一号［免許状等に記載された空中線電力］又は第55条［免許状に記載された運用許容時間内］の規定に違反して無線局を運用した者
⑤ 　電波法第18条第1項［**無線設備の設置場所**の変更又は無線設備の変更の工事の許可を受けた免許人は**変更検査を受ける**］の規定に違反して無線設備を運用した者
⑥ 　電波法第72条第1項［電波の発射の停止］又は第76条第1項［期間を定めて無線局の運用停止］の規定によって電波の発射又は**運用**を**停止**された無線局を運用した者
⑦ 　電波法第74条第1項の規定［総務大臣が**非常の場合の無線通信**を命令］による処分に違反した者

## 7 検査の忌避等（法111条）

電波法第73条第1項，第4項若しくは第5項［無線局の検査］又は第82条第2項［受信設備に対する監督］の規定による**検査**を**拒み**，**妨げ**，又は**忌避**した者は，**6月**以下の懲役又は**30万円**以下の罰金に処する．

## 8 運用の制限に違反（法112条）

電波法第76条第1項［期間を定めて運用許容時間，周波数若しくは空中線電力を制限］の規定による運用の制限に違反した者は，50万円以下の罰金に処する．

## 9 空中線の撤去等（法113条）

次の各号の一に該当する者は，30万円以下の罰金に処する．
① 電波法第78条［無線局の免許等がその効力を失ったときは，免許人等であった者は，遅滞なく**空中線を撤去**］の規定に違反した者
② 電波法第79条第1項［無線従事者の**従事停止**］の規定により業務に従事することを停止されたのに，無線設備の操作を行った者

## 10 免許状の返納（法116条）

電波法第24条［免許がその効力を失ったときは，免許人であった者は，1か月以内にその免許状を返納］の規定に違反して，**免許状を返納**しない者は，30万円以下の**過料**に処する．

「過料」は，刑罰の罰金や科料とは異なり，行政上の制裁である．

---

## 基本問題練習

### 問 1

次の記述は，虚偽の通信を発した者に対する罰則について電波法の規定に沿って述べたものである．☐内に入れるべき字句の正しい組合せを下の番号から選べ．

☐A☐に利益を与え，又は他人に損害を加える目的で，無線設備によって虚偽の通信を発した者は，☐B☐に処する．

| | A | B |
|---|---|---|
| 1 | 自己若しくは身内の者 | 3年以下の懲役又は150万円以下の罰金 |
| 2 | 自己若しくは身内の者 | 5年以下の懲役又は250万円以下の罰金 |
| 3 | 自己若しくは他人 | 3年以下の懲役又は150万円以下の罰金 |
| 4 | 自己若しくは他人 | 5年以下の懲役又は250万円以下の罰金 |

p.96

### 解答

問 1　-3

### 問2

次の記述は，無線通信妨害に関する罰則について電波法の規定に沿って述べたものである．　　内に入れるべき字句の正しい組合せを下の番号から選べ．

① 　A　業務の用に供する無線局の無線設備又は人命若しくは財産の保護，　B　，気象業務，　C　の供給の業務若しくは鉄道事業に係る列車の運行の業務の用に供する無線設備を損壊し，又はこれに物品を接触し，その他その無線設備の機能に障害を与えて無線通信を妨害した者は，5年以下の懲役又は250万円以下の罰金に処する．

② ①の未遂罪は，罰する．

|   | A | B | C |
|---|---|---|---|
| 1 | 電気通信 | 環境の保全 | 電気事業に係る電気 |
| 2 | 電気通信 | 治安の維持 | ガス事業に係るガス |
| 3 | 電気通信業務又は放送の | 災害の防止 | ガス事業に係るガス |
| 4 | 電気通信業務又は放送の | 治安の維持 | 電気事業に係る電気 |

▶▶▶▶ p.96

### 問3

次の記述は，無線通信の秘密の保護について電波法の規定に沿って述べたものである．　　内に入れるべき字句の正しい組合せを下の番号から選べ．

① 何人も法律に別段の定めがある場合を除くほか，　A　相手方に対して行われる無線通信（電気通信事業法第4条第1項又は第164条第2項の通信であるものを除く．以下同じ．）を傍受してその　B　を漏らし，又はこれを窃用してはならない．

② 　C　の秘密を漏らし，又は窃用した者は，1年以下の懲役又は50万円以下の罰金に処する．

③ 　D　がその業務に関し知り得た②の秘密を漏らし，又は窃用したときは，2年以下の懲役又は100万円以下の罰金に処する．

|   | A | B | C | D |
|---|---|---|---|---|
| 1 | 不特定の | 存在若しくは内容 | 無線通信 | 無線通信の業務に従事する者 |
| 2 | 不特定の | 内容 | 無線局の取扱中に係る無線通信 | 無線従事者 |
| 3 | 特定の | 存在若しくは内容 | 無線局の取扱中に係る無線通信 | 無線通信の業務に従事する者 |
| 4 | 特定の | 内容 | 無線通信 | 無線従事者 |

▶▶▶▶ p.96

**解答**

問2　-4　　問3　-3

### 問4

次の記述は，電波法に規定する罰則について述べたものである．□内に入れるべき字句の正しい組合せを下の番号から選べ．

次のいずれかに該当する者は，1年以下の懲役又は100万円以下の罰金に処する．

(1) 電波法の規定による免許がないのに，□A□し，又は運用した者
(2) 遭難通信以外の通信を行う場合に，免許状等に記載されていない□B□，識別信号，電波の型式又は周波数によって無線局を運用した者

| | A | B |
|---|---|---|
| 1 | 無線局を開設 | 無線設備の設置場所 |
| 2 | 無線局を開設 | 無線設備 |
| 3 | 無線局に無線従事者を配置 | 無線設備の設置場所 |
| 4 | 無線局に無線従事者を配置 | 無線設備 |

▶▶▶▶ p.97

### 問5

次の記述は，無線局の運用について，電波法の規定に沿って述べたものである．□内に入れるべき字句の正しい組合せを下の番号から選べ．

① 無線局を運用する場合においては，無線設備の設置場所，□A□は，免許状又は登録状に記載されたところによらなければならない．ただし，遭難通信については，この限りでない．

② ①の規定に違反して無線局を運用した者は，□B□に処する．

| | A | B |
|---|---|---|
| 1 | 識別信号，電波の型式及び周波数 | 2年以下の懲役又は100万円以下の罰金 |
| 2 | 識別信号，電波の型式及び周波数 | 1年以下の懲役又は100万円以下の罰金 |
| 3 | 電波の型式及び周波数 | 1年以下の懲役又は50万円以下の罰金 |
| 4 | 電波の型式及び周波数 | 2年以下の懲役又は100万円以下の罰金 |

▶▶▶▶ p.97

### 問6

次の記述は，無線局の免許状又は登録状（以下「免許状等」という．）の記載事項の遵守について電波法の規定に沿って述べたものである．□内に入れるべき字句の正しい組合

**解答**

問4 －1　　問5 －2

せを下の番号から選べ．ただし，□内の同じ記号は，同じ字句を示す．
① 無線局を運用する場合においては，□A□は，免許状等に記載されたところによらなければならない．ただし，□B□については，この限りでない．
② 無線局を運用する場合においては，空中線電力は，次に定めるところによらなければならない．ただし，□B□については，この限りでない．
　(1) 免許状等に記載されたものの範囲内であること．
　(2) 通信を行うため必要最小のものであること．
③ ①又は□C□の規定に違反して無線局を運用した者は，1年以下の懲役又は100万円以下の罰金に処する．

|   | A | B | C |
|---|---|---|---|
| 1 | 無線設備の設置場所，識別信号，電波の型式及び周波数 | 遭難通信 | ②の(1) |
| 2 | 無線設備の設置場所，識別信号，電波の型式及び周波数 | 非常の場合の無線通信 | ②の(2) |
| 3 | 無線設備，識別信号，電波の型式及び周波数 | 遭難通信 | ② |
| 4 | 無線設備，識別信号，電波の型式及び周波数 | 非常の場合の無線通信 | ②の(1) |

▶▶▶▶ p.97

### 問7

次の記述は，非常の場合の無線通信について電波法の規定に沿って述べたものである．□内に入れるべき字句の正しい組合せを下の番号から選べ．
① 総務大臣は，地震，台風，洪水，津波，雪害，火災，暴動その他非常の事態が□A□においては，人命の救助，災害の救援，交通通信の確保又は秩序の維持のために必要な通信を□B□に行わせることができる．
② ①の規定による処分に違反した者は，1年以下の懲役又は□C□の罰金に処する．

|   | A | B | C |
|---|---|---|---|
| 1 | 発生し，又は発生するおそれがある場合 | 無線局 | 100万円以下 |
| 2 | 発生し，又は発生するおそれがある場合 | 電気通信事業者 | 50万円以下 |
| 3 | 発生するおそれがある場合 | 無線局 | 50万円以下 |
| 4 | 発生するおそれがある場合 | 電気通信事業者 | 100万円以下 |

▶▶▶▶ p.97

### 解答

**問6** -1　　**問7** -1

### 問8

免許人が総務大臣から期間を定めて運用を停止された無線局を運用した場合，科せられる刑罰として電波法に規定されているものを下の番号から選べ．

1　50万円以下の罰金
2　1年以下の懲役又は50万円以下の罰金
3　1年以下の懲役又は100万円以下の罰金
4　2年以下の懲役又は100万円以下の罰金

▶▶▶▶ p.97

### 問9

無線設備の変更の工事の許可を受けた免許人が，総務省令で定める場合を除き，総務大臣の検査を受けずに当該無線設備を運用した場合の罰則として電波法に規定されているものを下の番号から選べ．

1　3年以下の懲役又は150万円以下の罰金
2　2年以下の懲役又は100万円以下の罰金
3　1年以下の懲役又は50万円以下の罰金
4　1年以下の懲役又は100万円以下の罰金

▶▶▶▶ p.97

### 問10

次の記述は，無線局の変更検査について電波法の規定に沿って述べたものである．　　内に入れるべき字句の正しい組合せを下の番号から選べ．

① 電波法第17条（変更等の許可）第1項の規定により　A　の変更又は無線設備の変更の工事の許可を受けた免許人は，総務大臣の検査を受け，当該変更又は工事の結果が同条同項の許可の内容に適合していると認められた後でなければ，許可に係る無線設備を運用してはならない．ただし，総務省令で定める場合は，この限りでない．

② ①の規定に違反して無線設備を運用した者は，　B　の罰金に処する．

| | A | B |
|---|---|---|
| 1 | 無線設備の設置場所 | 1年以下の懲役又は100万円以下 |
| 2 | 無線設備の設置場所 | 1年以下の懲役又は50万円以下 |
| 3 | 通信の相手方，通信事項若しくは無線設備の設置場所 | 1年以下の懲役又は100万円以下 |
| 4 | 通信の相手方，通信事項若しくは無線設備の設置場所 | 1年以下の懲役又は50万円以下 |

▶▶▶▶ p.97

### 解答

問8 -3　　問9 -4　　問10 -1

### 問 11

無線従事者が電波法に違反し，総務大臣から期間を定めてその業務に従事することを停止されたのに無線設備の操作を行った場合，どのような刑罰に処せられるか，下の番号から選べ．

1　10万円以下の罰金　　2　30万円以下の罰金
3　50万円以下の罰金　　4　6月以下の懲役

▶▶▶▶ p.98

### 問 12

次の記述は，免許状の返納について電波法の規定に沿って述べたものである．☐内に入れるべき字句の正しい組合せを下の番号から選べ．

① 免許がその効力を失ったときは，免許人であった者は，| A |以内にその免許状を返納しなければならない．

② ①の規定に違反して，免許状を返納しない者は，30万円以下の| B |に処する．

|   | A | B |   | A | B |
|---|---|---|---|---|---|
| 1 | 1か月 | 過料 | 2 | 3か月 | 罰金 |
| 3 | 3か月 | 過料 | 4 | 1か月 | 罰金 |

▶▶▶▶ p.98

### 解答

問11 -2　　問12 -1

# 8 書類

## 8.1 時計，業務書類等の備付け（法60条）

無線局には，**正確な時計**及び**無線検査簿**，**無線業務日誌**その他総務省令で定める書類を備え付けておかなければならない．ただし，総務省令で定める無線局については，これらの全部又は一部の備付けを省略することができる．

## 8.2 備付けを要する業務書類（施38条）

1 電波法第60条の規定により無線局に備え付けておかなければならない書類は，次の無線局につき，それぞれに掲げるとおりとする．
　① その他の無線局［基地局，固定局等］
　(1) **免許状**
　(2) **法及びこれに基づく命令の集録**（無人方式の無線設備の無線局及び電波法施行規則第33条第七号に規定する無線設備の無線局［他の無線局の無線従事者に管理されている陸上移動局等］以外の無線局の場合に限る．）
　(3) 無線局の免許の申請書の**添付書類の写し**（再免許を受けた無線局にあっては，最近の再免許の申請に係るもの及び免許規則第18条の2の規定により提出を省略した工事設計書と同一の記載内容を有する工事設計書の写し）（注）
　(4) 免許規則第12条（同規則第25条第1項において準用する場合を含む．）の変更の申請書の添付書類及び届書の添付書類の写し（再免許を受けた無線局にあっては，最近の再免許後における変更に係るもの）（注）
　② （注）を付した書類は，免許規則第8条第2項（同規則第12条第5項，第15条の4第2項，第15条の5第2項及び第19条第2項において準用する場合を含む．）の規定により総務大臣又は総合通信局長が提出書類の写しであることを証明したものとする．この場合において，当該書類が電磁的方法（電子的方法，磁気的方法その他の人の知覚によっては認識することができない方法をいう．）により記録されたものであるときは，当該書類を必要に応じ直ちに表示することができる電子計算機その他の機器を備え付けておかなければならない．

## 8.3 免許状

### 1 免許状の掲示（施38条）

1 無線局免許状は，主たる**送信装置**のある場所（船舶局にあっては通信室内，ラジオゾンデ又はラジオ・ブイの無線局にあってはその常置場所とする．）の見やすい箇所（自動車に搭載して使用するパーソナル無線にあっては，総務大臣が別に告示するか所とする．）に掲げておかなければならない．ただし，掲示を困難とするものについては，その掲示を要しない．

2 VSAT地球局（包括免許に係るものを除く．）にあっては，当該VSAT地球局の送信の制御を行う他の一の地球局（「**VSAT制御地球局**」という．）の無線設備の**設置場所**とし，包括免許に係る特定無線局にあっては，その局の包括免許に係る手続を行う包括免許人の事務所とする．）に1の免許状を備え付け，かつ，総務大臣が別に告示するところにより，その送信装置のある場所に総務大臣又は総合通信局長が発給する証票を備え付けなければならない．

### 2 免許状の訂正（法21条）

免許人は，免許状に記載した事項に変更を生じたときは，その免許状を**総務大臣**に**提出し**，訂正を受けなければならない．

### 3 免許状の返納（法24条）

免許がその効力を失ったときは，免許人であった者は，**1か月**以内にその免許状を返納しなければならない．

## 8.4 無線従事者免許証の携帯（施38条）

無線従事者は，その業務に従事しているときは，**免許証を携帯**していなければならない．

## 8.5 無線検査簿（施39条）

1 電波法第60条に規定する無線検査簿の様式は，別表（**様式8.1**）に定めるとおりとする．

2 総務大臣又は総合通信局長は，電波法第10条第2項［新設検査］若しくは第18条第2項［変更検査］若しくは第73条第3項［臨時検査］の規定により検査の一部を省略して検査を

行ったとき，同条第1項ただし書［電波の質又は空中線電力の検査］若しくは同条第5項［電波の質又は空中線電力の検査］の規定による検査を行なったとき，又は施行規則第38条の2の規定により無線検査簿の備えつけを省略した無線局の検査を行ない若しくはその職員に行なわせたときは，当該検査の結果に関する事項を別表［省略］に定める様式の無線局検査結果通知書により免許人等又は予備免許を受けた者に通知するものとする．

3　免許人等は，検査の結果について総務大臣又は総合通信局長から指示を受け相当な措置をしたときは，その**措置の内容**を**無線検査簿**又は**2**に規定する文書の**記載欄に記載**するとともに**総務大臣又は総合通信局長**に**報告**しなければならない．

4　免許人は，無線検査簿（2に規定する文書をはり付けたものを含む．）に記載されている事項について，スキャナ（これに準ずる画像読取装置を含む．）により読み取ってできた電磁的記録を当該免許人の使用に係る電子計算機に備えられたファイル又は磁気ディスク（これに準ずる方法により一定の事項を確実に記録しておくことができるものを含む．）をもって調製するファイルを備え付けることにより，当該無線検査簿の備付けに代えることができる．この場合において，当該免許人は，当該記録を必要に応じ直ちに表示することができる電子計算機その他の機器を備え付けておかなければならない．

5　現に免許を受けている無線局を廃止したうえ当該無線局の無線設備をそのまま継続使用することとして免許を受けた無線局であって総務大臣が別に告示するもの及び**再免許**を受けた無線局は，従前の無線局の無線検査簿をそのまま**継続**して**使用**するものとする．

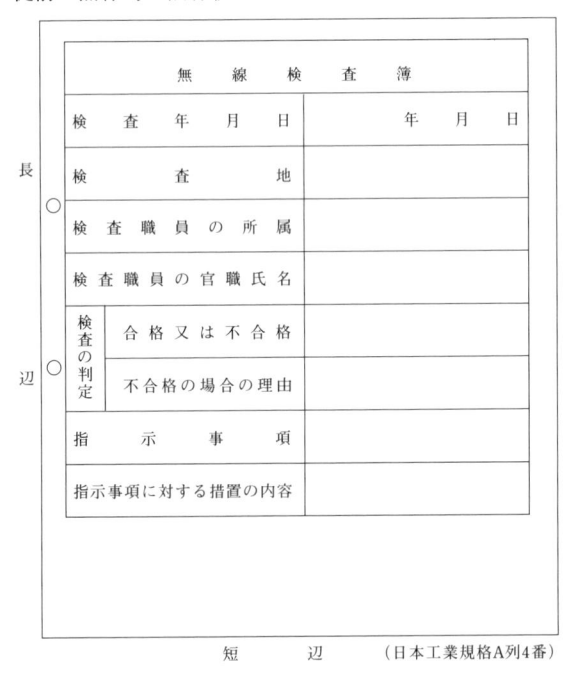

| 無線検査簿 | |
|---|---|
| 検査年月日 | 年　月　日 |
| 検査地 | |
| 検査職員の所属 | |
| 検査職員の官職氏名 | |
| 検査の判定　合格又は不合格 | |
| 検査の判定　不合格の場合の理由 | |
| 指示事項 | |
| 指示事項に対する措置の内容 | |

長辺 ○　○　短辺　（日本工業規格A列4番）

**様式8.1　無線検査簿**

## 8.6 無線業務日誌

### 1 記載（施40条）

電波法第60条に規定する無線業務日誌には，毎日次に掲げる事項を記載しなければならない．ただし，総務大臣又は総合通信局長において特に必要がないと認めた場合は，記載の一部を省略することができる．

1　海上移動業務，航空移動業務若しくは無線標識業務を行う無線局又は海上移動衛星業務若しくは航空移動衛星業務を行う無線局，放送局以外の無線局

①　**無線従事者**（主任無線従事者の監督を受けて無線設備の操作を行う者を含む．）の**氏名，資格及び服務方法**（変更のあったときに限る．）

②　1日の延べ通信時間又は通信回数（電波法第74条第1項に規定する通信［非常の場合の無線通信］を行った場合並びに固定局，陸上移動業務の無線局，携帯移動業務の無線局，無線呼出局，無線標定業務の無線局，無線標識局，地球局（放送衛星局，放送試験衛星局又は放送を行う実用化試験局であって人工衛星に開設するもの（電気通信業務を行うことを目的とするものを除く．）を通信の相手方とするものを除く．），人工衛星局（放送衛星局，放送試験衛星局又は放送を行う実用化試験局であって人工衛星に開設するもの（電気通信業務を行うことを目的とするものを除く．）を除く．），標準周波数局及び特別業務の局（A3E電波1,620 kHz又は1,629 kHzの周波数を使用する空中線電力10ワット以下のものに限る．）がその他の通信［非常の場合の無線通信以外の通信］を行った場合を除く．）

③　電波法第74条第1項に規定する通信［**非常の場合の無線通信**］の実施状況

④　空電，混信，受信感度の減退等の**通信状態**

⑤　発射電波の**周波数の偏差**を測定したときは，その結果及び許容偏差を超える偏差があるときは，その措置の内容

⑥　**機器の故障**の事実，原因及びこれに対する措置の内容

⑦　電波の規正について指示を受けたときは，その事実及び措置の内容

⑧　電波法第80条第二号［電波法令に**違反**して運用した無線局を認めたときの報告］の場合は，その事実

⑨　その他参考となる事項

### 2 保存期間（施40条）

使用を終った無線業務日誌は，使用を終った日から**2年間**保存しなければならない．

# 基本問題練習

### 問1

次に掲げる書類のうち，電波法及び電波法施行規則の規定により固定局に備え付けておかなければならないものを下の番号から選べ．

1　無線局局名録　　　　　　2　無線検査簿
3　国際電気通信連合憲章　　4　無線局管理規程

### 問2

次に掲げるもののうち，固定局に備え付けておかなければならない業務書類に該当しないものを，電波法及び電波法施行規則の規定に照らし下の番号から選べ．

1　無線設備保守点検簿　　2　免許状
3　無線検査簿　　　　　　4　無線業務日誌

**解説**　固定局に備え付けておかなければならない業務書類は次のとおりである．
　　無線検査簿，無線業務日誌，免許状，電波法及びこれに基づく命令の集録，無線局の免許の申請書の添付書類の写し，変更の申請書の添付書類及び届書の添付書類の写し

### 問3

次の記述は，固定局の免許状について，電波法施行規則の規定に沿って述べたものである．☐内に入れるべき字句を下の番号から選べ．

　固定局の免許状は，☐の見やすい箇所に掲げておかなければならない．ただし，掲示を困難とするものについては，その掲示を要しない．

1　通信所内　　　　　　　　　2　送信所内
3　主たる受信装置のある場所　4　主たる送信装置のある場所

## 解答

**問1** －2　　**問2** －1　　**問3** －4

### 問4

基地局の免許状は，掲示を困難とする場合を除き，どこに掲げておかなければならないか，電波法施行規則の規定により正しいものを下の番号から選べ．

1　主たる送信装置の見やすい箇所
2　通信室内の見やすい箇所
3　主たる送信装置のある場所の見やすい箇所
4　受信装置のある場所の見やすい箇所

▶▶▶▶　p.105

### 問5

VSAT地球局（包括免許に係るものを除く．）の免許状は，どのような場所に備え付けておかなければならないか，電波法施行規則の規定により正しいものを下の番号から選べ．

1　VSAT制御地球局の無線設備の設置場所
2　VSAT地球局の無線設備の設置場所
3　総務大臣が別に告示する場所
4　免許人の住所

▶▶▶▶　p.105

### 問6

無線局の免許人は，免許状に記載した事項に変更を生じたときは，どうしなければならないか，電波法の規定により正しいものを下の番号から選べ．

1　速やかに総務大臣にその旨を報告する．
2　免許状を総務大臣に提出し，訂正を受ける．
3　1か月以内に総務大臣にその旨を届け出る．
4　3か月以内に総務大臣にその旨を届け出る．

▶▶▶▶　p.105

### 問7

無線局の免許人は，その住所を変更したときは，どのようにしなければならないか，電波法の規定により正しいものを下の番号から選べ．

1　1週間以内に総務大臣にその旨を届け出る．
2　速やかに総務大臣にその旨を申告する．
3　2週間以内に総務大臣にその旨を届け出る．
4　免許状を総務大臣に提出し，訂正を受ける．

▶▶▶▶　p.105

#### 解答

問4 －3　　問5 －1　　問6 －2　　問7 －4

### 問8

無線局の免許がその効力を失ったときは，免許人であった者は，電波法の規定によりその免許状をどのようにしなければならないか，正しいものを下の番号から選べ．
1 3か月以内に無線従事者免許証とともに返納しなければならない．
2 無線検査簿とともに2年間保管しなければならない．
3 遅滞なく廃棄しなければならない．
4 1か月以内に返納しなければならない．

▶▶▶▶ p.105

**解説** 無線局の免許がその効力を失ったときは，免許人であった者は，遅滞なく空中線を撤去しなければならないことも規定されている．（**2.10 廃止** p.14）

### 問9

無線従事者は，その業務に従事しているときは，免許証をどうしなければならないか，電波法施行規則の規定に照らし正しいものを下の番号から選べ．
1 紛失しないように保管していなければならない．
2 携帯していなければならない．
3 免許人に預けておかなければならない．
4 通信室内の見やすい箇所に掲げておかなければならない．

▶▶▶▶ p.105

### 問10

免許人は，無線局の検査の結果について総合通信局長（沖縄総合通信事務所長を含む．）から指示を受け相当な措置をしたときは，どうしなければならないか，電波法施行規則の規定により正しいものを下の番号から選べ．
1 その措置の内容を無線検査簿又は無線局検査結果通知書の記載欄に記載するとともに総合通信局長（沖縄総合通信事務所長を含む．）に報告しなければならない．
2 その措置の内容を無線業務日誌に記載するとともに総合通信局長（沖縄総合通信事務所長を含む．）に報告しなければならない．
3 その措置の内容を免許状の余白に記載しておかなければならない．
4 速やかに措置した旨を担当検査職員に連絡しなければならない．

▶▶▶▶ p.106

#### 解答

問8 −4　　問9 −2　　問10 −1

### 問11

無線局が再免許を受けたときは，従前の無線検査簿をどのようにすることになっているか，電波法施行規則の規定により正しいものを下の番号から選べ．
1　2年間保存する．
2　旧免許状とともに返納する．
3　そのまま継続して使用する．
4　廃棄する．

▶▶▶▶ p.106

### 問12

固定局の発射電波の周波数の許容偏差を測定したときはその結果及び許容偏差を超える偏差があるときはその措置の内容を記載しなければならない書類はどれか，電波法施行規則の規定により正しいものを下の番号から選べ．
1　無線検査簿
2　無線局管理簿
3　無線業務日誌
4　無線局の免許の申請書の添付書類の写し

▶▶▶▶ p.107

### 問13

固定局の無線設備の機器の故障の事実，原因及びこれに対する措置の内容を記載する書類はどれか．電波法施行規則の規定により正しいものを下の番号から選べ．
1　無線業務日誌
2　無線検査簿
3　無線局管理簿
4　無線局事項書の写し

▶▶▶▶ p.107

### 問14

電波法施行規則の規定により無線業務日誌を備え付けなければならない固定局がその業務日誌に記載しなくてもよい事項を下の番号から選べ．
1　通信の開始及び終了の時刻
2　非常の場合の無線通信の実施状況
3　空電，混信，受信感度の減退等の通信状態
4　無線従事者（主任無線従事者の監督を受けて無線設備の操作を行う者を含む．）の氏名，資格及び服務方法（変更のあったときに限る．）

▶▶▶▶ p.107

### 解答

問11 -3　　問12 -3　　問13 -1　　問14 -1

### 問15

次に掲げるもののうち，使用を終わった無線業務日誌の保存期間として正しいものを，電波法施行規則の規定に照らし下の番号から選べ．

1 次の定期検査（電波法第73条第1項の検査）の日まで
2 使用を終わった日から2年間
3 使用を終わった日から1年間
4 無線局の免許がその効力を失う日まで

▶▶▶▶ p.107

### 解答

問15 -2

# 受験ガイド

　この受験ガイドは，第一級陸上特殊無線技士（一陸特）の資格を目指す方を対象に，この資格の国家試験を受験する場合に限った内容で受験の手続きについて説明してある．

　なお，受験するときは，(財)日本無線協会（以下「協会」という．）のホームページの試験案内，受験雑誌などによって，国家試験の実施の詳細を確かめてから，受験していただきたい．

## 1　国家試験科目

　一陸特の国家試験科目および内容は無線従事者規則に次のように定められている．

**無線工学**
(1)　多重無線設備（空中線系を除く．）の理論，構造及び機能の概要
(2)　空中線系等の理論，構造及び機能の概要
(3)　多重無線設備及び空中線系等のための測定機器の理論，構造及び機能の概要
(4)　多重無線設備及び空中線系並びに多重無線設備及び空中線系等のための測定機器の保守及び運用の概要

**法規**
　電波法及びこれに基づく命令の概要

## 2　試験問題の形式など

　各科目の問題の形式，問題数などを次表に示す．

| 科目 | 問題の形式 | 問題数 | 配点 | 満点 | 合格点 | 試験時間 |
|---|---|---|---|---|---|---|
| 無線工学 | 4または5肢択一式 | 24 | 1問5点 | 120点 | 75点 | 3時間 |
| 法規 | 4肢択一式 | 12 | 1問5点 | 60点 | 40点 | |

　法規と無線工学の試験は，両方の科目の問題が同時に配布されて実施される．また，解答はマークシート方式である．

## 3　各項目ごとの問題数

　各項目ごとの標準的な問題数を次表に示す．各項目の問題数は試験期によって，それぞれ1問程度増減する項目もあるが，合計の問題数は変わらない．

法規

| 項目 | 問題数 |
|---|---|
| 電波法の概要 | 1 |
| 無線局 | 1 |
| 無線設備 | 3 |
| 無線従事者 | 1 |
| 運用 | 2 |
| 監督 | 2 |
| 罰則 | 1 |
| 書類 | 1 |
| 合計 | 12 |

無線工学

| 項目 | 問題数 |
|---|---|
| 多重通信システム | 3 |
| 基礎理論 | 4 |
| 変調 | 2 |
| 送受信装置 | 3 |
| 中継方式 | 2 |
| レーダ | 2 |
| アンテナ | 2 |
| 電波伝搬 | 3 |
| 電源 | 1 |
| 測定 | 2 |
| 合計 | 24 |

## 4 試験の実施

**実施時期**　毎年2月，6月，10月

**申請時期**　2月期の試験は，**12月1日頃から12月20日頃**まで
　　　　　　　6月期の試験は，**4月1日頃から4月20日頃**まで
　　　　　　　10月期の試験は，**8月1日頃から8月20日頃**まで

　試験申請時期が近づいたら，協会のホームページなどで詳細を確認すること．なお，毎年1月末に，その年の4月以降に行われる試験日などの詳細が発表される．

**提出書類**　協会の定める様式による試験申請書により申請する．申請手数料は，申請書に付属している振り込み用紙によって郵便局から振り込むこと．

**申請書**などの**頒布**　協会の事務所で（郵送により）入手することができる．

**受験時に提出する写真**　試験申請書を提出すると，試験日の10日前までに，協会から受験票および受験整理票が送られてくる．これに写真を貼って，受験の際に提出する．したがって，あらかじめ写真を手元に用意しておくこと．写真の規格は，無帽，正面，上3分身，無背景，白枠のない試験日前6か月以内に撮影した縦3.0cm，横2.4cmのもの．なお，裏面に氏名，生年月日を記載しておくこと．

**試験結果の通知**　試験終了後1～2か月が過ぎると，無線従事者国家試験結果通知書が郵送される．

## 5 インターネットによる申請

　申請書類によらないで，インターネットを利用して申請手続きを行うことができる．次に申請までの流れを示す．

① 協会のホームページから,「無線従事者国家試験申請システム」にアクセスする.
② 「試験情報」画面から申請する国家試験の資格を選択する.
③ 「試験申請書作成」画面から住所,氏名などを入力し送信する.
④ 「申請完了」画面が表示されるので,「整理番号」と「申請日」を記録(プリントアウト)する.
⑤ 郵便局に備え付けてある郵便振替用紙を使用して,試験手数料を振り込む.このとき,所定の欄の住所,氏名および通信欄に④の「整理番号」を記入する.

申請期限日までに試験申請手数料の振込を済ませておかないと,申請の受け付けが完了しないので注意すること.

## 6 最新の国家試験問題

最近行われた国家試験問題と解答は,協会のホームページからダウンロードすることができるので,試験の実施前に,前回出題された試験問題をチェックすることができる.

また,受験した国家試験問題は持ち帰れるので,試験終了後に発表されるホームページの解答によって,自己採点して合否をあらかじめ確認することができる.

## 7 無線従事者免許の申請

国家試験に合格したときは,無線従事者の免許を申請する.定められた様式の申請書,氏名および生年月日を証する書類(住民票の写しなど,ただし,申請書に住民票コードを記入すれば添付しなくてよい.),写真1枚が必要になる.協会から申請書類一式を入手し,それにより申請すること.

**(財)日本無線協会**

| 試験地 | 事務所の名称 | 電話 |
|---|---|---|
| 東京 | (財)日本無線協会　本部 | (03)3533-6022 |
| 札幌 | (財)日本無線協会　北海道支部 | (011)271-6060 |
| 仙台 | (財)日本無線協会　東北支部 | (022)221-4146 |
| 長野 | (財)日本無線協会　信越支部 | (026)234-1377 |
| 金沢 | (財)日本無線協会　北陸支部 | (076)222-7121 |
| 名古屋 | (財)日本無線協会　東海支部 | (052)951-2589 |
| 大阪 | (財)日本無線協会　近畿支部 | (06)6942-0420 |
| 広島 | (財)日本無線協会　中国支部 | (082)227-5253 |
| 松山 | (財)日本無線協会　四国支部 | (089)946-4431 |
| 熊本 | (財)日本無線協会　九州支部 | (096)356-7902 |
| 那覇 | (財)日本無線協会　沖縄支部 | (098)840-1816 |

ホームページのアドレス　http://www.nichimu.or.jp/

# 索引

## ■あ行

- 暗語 …………………………………… 65
- 安全施設 ……………………………… 30
- 宇宙局 ………………………………… 5
- 運用許容時間 ………………………… 8
- 応答 …………………………………… 67
- 応当日 ………………………………… 82

## ■か行

- 過料 …………………………………… 98
- 簡易化（呼出し又は応答の）………… 67
- 擬似空中線回路 ……………………… 65
- 技術操作 ……………………………… 52
- 空中線電力 …………………………… 9
  - ——の許容偏差 …………………… 30
- 検査職員 ……………………………… 79
- 高圧電気 ……………………………… 31
- 工事設計 ……………………………… 8
  - ——の変更 ………………………… 10
- 工事落成後の検査 …………………… 10
- 工事落成の期限 ……………………… 9
- 高調波の強度等 ……………………… 29
- 固定局 ………………………………… 5
- 混信 …………………………………… 64
  - ——等の防止 ……………………… 64

## ■さ行

- 識別信号 ……………………………… 9
- 試験電波の発射 ……………………… 68
- 指定事項の変更 …………………… 9, 14
- 周波数の安定のための条件 ………… 30
- 周波数の許容偏差 …………………… 26
- 周波数の幅 …………………………… 29
- 周波数の偏差 ………………………… 29
- 重要無線通信妨害 …………………… 96
- 受信設備の条件 ……………………… 33
- 主任無線従事者 ……………………… 50
  - ——の講習 ………………………… 51
  - ——の職務 ………………………… 51
  - ——の非適格事由 ………………… 50
- 省令 …………………………………… 1
- スプリアス発射 ……………………… 27
  - ——の強度の許容値 ……………… 29
- 政令 …………………………………… 1
- 接地装置 ……………………………… 32
- 窃用 …………………………………… 65
- 選任 …………………………………… 49
- 占有周波数帯幅 ……………………… 27
- 送信空中線 …………………………… 32
- 送信設備 ……………………………… 26
- 送信装置 ……………………………… 26
- 遭難通信 ……………………………… 63

## ■た行

- 第一級陸上特殊無線技士 …………… 52
- 第三級陸上特殊無線士 ……………… 53
- 対地静止衛星 ………………………… 33
- 第二級陸上特殊無線士 ……………… 52
- 多重無線設備 ………………………… 49
- 地球局 ………………………………… 5
- 懲役 …………………………………… 96
- 通信事項 ……………………………… 8
- 通信の相手方 ………………………… 8
- 定期検査 ……………………………… 78
- 適合表示無線設備 …………………… 6
- テレビジョン ………………………… 26

| | |
|---|---|
| テレメーター……………………26 | ――の再免許 ………………………11 |
| 電気通信業務…………………………6 | ――の登録 …………………………15 |
| 電波………………………………………2 | ――の免許 ……………………………5 |
| 　――の規正 …………………………63 | ――の免許の申請 ……………………8 |
| 　――の規整 …………………………77 | ――の免許の取消し等 ……………80 |
| 　――の強度 …………………………31 | ――の免許の有効期間 ……………11 |
| 　――の型式 …………………………9 | 無線検査簿……………………………105 |
| 　――の型式の表示 …………………27 | 無線従事者……………………………2 |
| 　――の質 ……………………………29 | 　――の免許 …………………………53 |
| 　――の周波数………………………9 | 　――の免許の取消し等 ……………81 |
| 　――の発射の停止 …………………78 | 無線設備………………………………2 |
| 　――法の目的 ………………………1 | 　――等 ………………………………10 |
| 　――利用料 …………………………82 | 　――の操作 …………………………49 |
| 登録局……………………………………6 | 　――の変更の工事 …………………13 |
| 登録点検事業者 ………………………10 | 無線電信 ………………………………2 |
| 特定無線局の免許 ……………………15 | 無線電話 ………………………………2 |
| 時計，業務書類等の備付け………104 | 免許状の記載事項 ……………………12 |
| | 免許状の掲示…………………………105 |
| **■は行** | 免許状の訂正…………………………105 |
| 廃止届 …………………………………14 | 免許状の返納…………………………105 |
| 罰金 ……………………………………96 | 免許等 …………………………………15 |
| 非常通信 ………………………………63 | 免許人 …………………………………10 |
| 非常の場合の無線通信 ………………77 | 免許人等 ………………………………15 |
| 秘密の保護 ……………………………65 | |
| 避雷器 …………………………………32 | **■や行・ら行** |
| ファクシミリ …………………………26 | 呼出し …………………………………67 |
| 不法開設 ………………………………97 | 呼出符号 ………………………………9 |
| 報告 ……………………………………81 | 呼出名称 ………………………………9 |
| 傍受 ……………………………………65 | 予備免許 ………………………………9 |
| 放送局 …………………………………49 | 陸上の無線局 …………………………49 |
| 法律 ……………………………………1 | レーダー …………………………26, 49 |
| | |
| **■ま行** | **■英字** |
| 無線業務日誌…………………………107 | VSAT地球局 …………………………33 |
| 無線局……………………………………2 | |

【著者紹介】

吉川忠久（よしかわ・ただひさ）
　学　歴　東京理科大学物理学科卒業
　職　歴　郵政省関東電気通信監理局
　　　　　日本工学院八王子専門学校
　　　　　中央大学理工学部兼任講師
　　　　　明星大学理工学部非常勤講師


一陸特受験教室　電波法規

2007年3月10日　第1版1刷発行　　　　ISBN 978-4-501-32570-1 C3055
2009年7月20日　第1版3刷発行

著　者　吉川忠久
　　　　© Yoshikawa Tadahisa　2007

発行所　学校法人　東京電機大学　　〒101-8457　東京都千代田区神田錦町2-2
　　　　東京電機大学出版局　　　　Tel. 03-5280-3433（営業）03-5280-3422（編集）
　　　　　　　　　　　　　　　　　Fax. 03-5280-3563 振替口座 00160-5-71715
　　　　　　　　　　　　　　　　　http://www.tdupress.jp/

JCOPY ＜(社)出版者著作権管理機構　委託出版物＞
本書の全部または一部を無断で複写複製（コピー）することは，著作権法上での例外を除いて禁じられています。本書からの複写を希望される場合は，そのつど事前に，(社)出版者著作権管理機構の許諾を得てください。
［連絡先］Tel. 03-3513-6969，Fax. 03-3513-6979，E-mail: info@jcopy.or.jp

印刷：(有)バリエ社　　製本：渡辺製本(株)　　装丁：高橋壮一
落丁・乱丁本はお取り替えいたします。　　　　　　　　　Printed in Japan